또___
못 버린
물건들

또____
못 버린
물건들

은희경 산문

난다

차례

0 내 물건들이 나에 대해 말하기 시작했다 … 7

1 술잔의 용량은 주량에 비례하지 않는다 … 13
2 감자 칼에 손을 다치지 않으려면 … 21
3 나의 구둣주걱, 이대로 좋은가 … 31
4 우산과 달력 선물하기 … 39
5 친구에게 빌려주면 안 되는 물건 … 47
6 다음 중 나의 연필이 아닌 것은? … 57
7 다음 중 나의 사치품이 아닌 것은? … 67
8 떠난 사람을 기억하는 일 … 77
9 목걸이의 캐릭터 … 89
10 소년과 악의 가면 … 99
11 솥밥주의자의 다이어트 … 109

12 돌과 쇠를 좋아하는 일 … 119
13 발레를 위한 해피 엔딩 … 129
14 칵테일과 마작, 뒤라스와 탕웨이 … 139
15 또 못 버린 물건들 … 149
16 그 시절 우리가 좋아했던 인형 … 161
17 스타킹의 계절 … 169
18 메달을 걸어본 적이 있나요 … 181
19 책상에 앉으면 보이는 것들 … 193
20 마침내, 고양이 … 203
21 왜 필요하냐는 질문은 사절 … 213
22 지도와 영토와 번호판 … 223

00 겨울날의 브런치처럼 … 235

0 내 물건들이
나에 대해
말하기 시작했다

●

　지난 3년 동안 주로 집에서 시간을 보냈다. 2019년 겨울 이후, 많은 사람이 나와 비슷하지 않았을까. 우리 모두 낯선 시간을 건너왔고 여전히 거기에서 완전히는 빠져나오지 못했다. 또 그러는 동안 아마 조금쯤은 변했을 것이다.

　늘 시간에 쫓기고 집밖으로 나돌던 나에게도 변화가 찾아왔다. 꼬박꼬박 밥을 지어 먹는가 하면 화분을 들이고 뜨개질도 하고. 또 쇼핑 팁에 귀가 얇아져 인터넷으로 계속 물건들을 사들이고 있다. 택배 상자, 규칙적인 가사노동, OTT 서비스, 가족과의 지나친 밀착, 이런 것들이 일상이 되었다.

　팬데믹 이전에는 물론 달랐다. 아무리 오래 해도 늘 초보자일 수밖에 없는 글쓰기, 강연, 음주가무(?), 공식적 만남, 출장과 여행 등이 주된 일과였다. 그때의 집은 내가 그런 일을 할 수 있도록 최소한의 질서와 루틴만 유지하고 있을 뿐이었다.

책들이 무질서하게 쌓이고 흐트러져 있는 방의 문은 대부분 닫혀 있었고, 이삿짐이었던 상태 그대로 선반에 처박힌 박스들과 미처 걸지 못하고 구석에 세워둔 거울이며 액자를 피해 나는 서둘러 외출해버리곤 했으니까.

하지만 집에 있는 시간이 길어지다보니 그 물건들이 비난 섞인 눈총으로 나를 압박해왔다. 그래. 어차피 시간도 많아졌는데 정리를 해보자, 되도록 다 버려야지. 그런 마음으로 그 물건들 하나하나에 시선을 주기 시작했는데…… 뜻밖에도 거기에 깃든 나의 지나간 시간들과 재회하게 되었다는 얘기이다, 지금부터 내가 쓰려는 글들이.

그릇장 안쪽에 들어 있던 접시들을 꺼내 닦으면서 나는 오래 전의 외국 생활을 떠올렸다. 그때 나는 위축되었으나 매일을 새롭게 배우려고 애썼다. 그런 순간들이 지금의 나를 이런(?) 사람으로 만들었겠지.

서랍 깊숙이에서 만화경을 발견하고 여행지에서 그것을 함께 골랐던 사람을 생각하기도 했다. 또 버릴 책들을 추리다가 생일 선물로 받았던 화집을 펼쳐놓은 채 오래 앉아 있었다. 인연이란 우리를 어디로 데려갔다가 마침내 어디로 흘러가버리는 것일까.

 빛바랜 틴 케이스에 들어 있던 귀고리를 달아보려다 귓불이 막힌 걸 알았을 때는 멋진 액세서리를 찾아다니던 시절로부터 시간이 많이 흘러갔다는 사실을 깨달았다. 그렇다면 지금의 나는 무엇을 찾고 원하는지. 어떤 순간에 다정하고 또 즐거운지.

 그뿐 아니다. 내 일상 속 물건들에서 새삼 나의 취향과 라이프 스타일을 발견하고, 게다가 그 물건들이 내가 쓴 소설 곳곳에 등장한다는 걸 깨달았을 때의 뜨끔함이란! 내 물건이 등장하는 소설 속의 문구가 떠오를 때마다 혼자 피식 웃을 수밖에 없었다.

 그리고 보면 이 글을 쓰게 된 데에는 여러 가지 사적인 감정이 작용한 셈이다. 무엇보다도 내가 가볍고 단순해지려는 사심이 있었다. 무겁고 복잡한 사람이라면 한번쯤 생각해봤을 것이다. 때로 그 가벼움과 단순함이, 마치 어느 잠 안 오는 새벽 창문을 열었을 때의 서늘한 공기처럼, 삶이 우리의 정면에만 놓여 있지 않다는 사실을 일깨워준다는 것을. 신념을 구현하는 일도 중요하지만 일상이 지속된다는 것이야말로 새삼스럽고도 소중한 일임을.

 이 글들에는 내가 찍은 조잡한 사진이 함께 곁들여진다. 사진이라니. 20여 년 전, 생애 유일했던 나의 카메라 올림푸스 자동카메라를 산 지 두 달 만에 고장낸 이후 카메라라고는 만져본 적도 없는데. 하지만 4년 된 나의 아이폰11에 의지해서 하룻강아지다운 뻔뻔함을 발휘해볼까 한다.

 오래된 물건들 앞에서 생각한다. 나는 조금씩 조금씩 변해서 내가 되었구나. 누구나 매일 그럴 것이다. 물건들의 시간과 함께하며.

1 술잔의 용량은
주량에
비례하지 않는다

●

 평범하고 간단한 질문인데도 이따금 나는 선뜻 대답을 하지 못한다.

 가령, 아침에 일찍 일어나세요? 운동하세요? 음식은 뭐 좋아하세요?와 같은 질문들. 글쎄요…… 일찍이라면 몇 시쯤을 말씀하시는 건지…… 운동에 늘 관심은 있는데 꾸준히 하는 건 없어서…… 음식은 안 가리지만 맛없는 건 못 견디는 편. 제가 장르는 안 따지고 완성도만 보거든요. 앗, 죄송합니다. 그냥 가볍게 물어보셨을 텐데 제가 눈치 없이 신중한 주제에 개그 욕심까지 있어서…… 종종 나는 이처럼 정확해지기 위해서 애매함을 선택할 수밖에 없다.

 하지만 질문을 받는 즉시 시원스레 대답하는 경우도 있다. 술 좋아하세요? 네, 그럼요! 내가 술꾼의 세계에 입문한 것은 삼십대 중반. 늦깎이의 적극적인 선택이었으니 대답을 망설

일 이유가 없다. 나는 올해로 작가가 된 지 28년이 되었고, 술꾼으로서의 이력은 그보다 딱 1년이 많은 29년 차이다. 술꾼의 단계를 거쳐서 비로소 작가가 되었다고 할 수도 있다.

그 시절의 나에게 음주는 일종의 시간제 타락 체험 같은 것이었다. 그 체험장에 입장하면 생활에 시달리고 타인에게 위축된 나 대신 무책임하고 호탕한 내가 있었다. 취한 눈으로 나를 보니 소심하고 고지식하다고만 알아온 내가 제법 솔직하고 웃기고 패기조차 있고, 무엇보다 좌절된 꿈을 가슴 깊이 숨긴 채로 살아가는 게 아닌가. 내 몸속 술꾼의 발견이 기득권 시스템의 압박에서 벗어나 개인성을 각성한 대탈주의 도화선이 되었다고 주장해본다. 나는 이른바 '문단의 신데렐라' 이전에 술꾼계의 '대형 신인'이었던 것이다. 내가 지금까지 살아온 대로 살지 않고 소설을 쓰겠다며 뒤늦게 반항기에 들어선 데에는 술꾼의 특기인 순정과 터무니없는 낙관이 어느 정도 도움이 되었던 것도 사실이다.

작가가 된 뒤 첫번째 책의 인세로 샀던 여섯 개들이 맥주잔 세트가 생각난다. 왜 그것부터 장만했을까. 연년생 아이들을 키우느라 외출을 거의 못하던 시절, 맥주를 사들고 갑자기 집에 찾아온 손님들이 있었다. 급히 쟁반에 잔을 챙기는데, 모여 앉은 사람 수대로 유리잔 다섯 개는 가까스로 갖춰놓았지만 짝이 맞는 게 한 벌도 없었다. 크기조차 다 달라서 맥주를 따르니 술의 양도 제각각이었다. 그 술상이 어쩐지 임시변통으로 살아가는 내 삶의 남루한 모습 같았다. 그 이후 나에게 술잔 세트는 술을 마신다는 행위와 함께 사적인 호사의 시작으로 여겨졌던 것 같다.

이 글을 쓰기 시작할 때 첫번째 물건은 술잔이어야 한다고 생각한 것도 그 때문이다. 몇 년 전 나의 이삿짐을 박스에 꾸리던 이사업체 직원이 자신 있게 내뱉은 말이 있다. "이 집 주인은 교수 아니면 술집 하던 사람일 거야." 그분이 간파했듯이 내 물건 중 가장 많은 것은 책이고 그다음이 술잔이다. 술잔은 술맛과 음주의 양에 관여한다. 음주에 진심인 사람답게 나는 갖가지 술의 종류에 맞는 잔을 구비해놓고 있다. 그중에서 맥주잔이 제일 많다.

한때는 손잡이가 달린 커다란 머그형 유리잔으로 맥주를 마셨다. 그 잔의 묵직함에는 마치 추수를 끝마친 듯한 풍성하고 흔쾌한 마음, 그리고 '자, 어디 한번 시작해볼까 음화하하'라고 외치는 듯한 무장해제의 호방함이 있다. 500밀리리터짜리 잔을 가득 채워서 탁자에 턱 올려놓고 호프집의 기분을 내던 시절이었다. 그 당시 호프집마다 걸려 있던, 광장 가득 술꾼들이 모여앉은 뮌헨의 옥토버페스트 사진을 보며 맥주란 그렇게 마시는 것이라고 생각했을지도 모른다.

작은 잔으로 바꿔 마시기 시작한 것은 쾰른에 다녀온 뒤부터였다. 그곳 술집은 커다란 테이블에 둘러앉아 작은 잔에 맥주를 마시는 분위기였다. 모르는 사람들끼리도 같은 테이블에 앉아 대화를 나누는 게 그곳 방식이라고. 따로 주문하지 않아도 종업원이 계속해서 빈 술잔을 새 술잔으로 바꿔주었는데, 술잔을 엎어놓으면 그만 마신다는 뜻이라고 했다. 내가 간 스몰 브루어리 술집만의 특징인지도 모르지만 그곳으로 안내한 현지의 작가는 쾰른의 술 문화가 뮌헨과 다르다고 여러 번 강조했다.

그뒤로도 나의 '최애' 맥주잔은 여러 번 바뀌었다. 실린더처럼 기다랗고 늘씬한 유리잔에 따른 필스너 맥주를 홀짝홀짝 마시던 시기도 있었다. 또 스페인에서 한국어과 교수의 집을 방문했을 때 냉동실에서 꺼내놓던 차가운 도자기 맥주잔을 빼

앗다시피 선물받은 뒤에는 그 잔에만 마시기도 했다.

요즘 나의 맥주를 담는 잔은 270밀리리터 우스하리 잔이다. 도쿄의 술집에서 처음 그 잔을 손안에 쥐어보고는 그 참 쩨쩨한 잔이라고 생각했다. 그런데 얇은 유리가 스치듯 입술에 닿는 느낌이 너무 가볍고 산뜻해서, 마치 술이 잔을 거치지 않고 허공에서 입안으로 곧바로 전달되는 느낌이라 당장 반하고 말았다.

우스하리 잔에 술을 따를 때는 맥주 공장 투어에서 배운 대로 먼저 거품을 수북이 만든 다음 그것이 유지되도록 조심하면서 그 위에 술을 천천히 붓는다. 이제는 술집에서도 누군가 내 잔에 맥주를 따라주면 거품을 사수하기 위해서 절대 잔을 기울이지 않는다. 맥주의 향을 지켜주는 거품. 무거운 것을 덮고 있는 가벼움의 위태로운 매력이라니.

내 술잔이 작고 가벼워진 것은 주량이 줄어서가 아니다. 내가 점점 더 섬세하고 정성스럽게 술을 마시기 때문이다. 술잔의 크기는 주량에 비례하지 않는다.

20년 전쯤 나는 소설에 이런 문장을 쓴 적이 있다.

"편의점으로 맥주를 사러 나가려고 의자에서 엉덩이를 뗀 순간 어떤 이유를 가지고 술을 마신다는 것이 더없이 약한 짓으로 생각되었다. 술이란 즐거울 때, 그리고 아무렇지도 않은 때 그냥 마시는 것이다. 슬프거나 괴로울 때 마시면 그것은 술이 아니라 슬픔과 괴로움을 제대로 이해할 수 있는 자기의 시간을 마시는 짓이다."

그 시절 이런 금과옥조(?)를 써제끼던 사람이 실은 호프집 스타일의 머그잔에 맥주를 콸콸 부어 혼술을 하곤 했다고? 하긴, 소설가란 그런 과정을 되풀이하며 계속 갱신되는 존재일 것이다. 뭔가를 발견하고 깨달아서 소설로 남기지만 쓰고 나면 리셋, 원위치로 돌아가서 다시 탐색을 시작해야만 한다. 새 소설을 쓸 때마다 처음처럼 어려운 것도, 처음처럼 설레는 것도, 그리고 내가 책으로 쓰기까지 해놓고 전혀 실행에 옮기지 않는 것도 어쩌면 같은 이유인지도 모른다. 하지만 명심하자. 거품 아래에 술이 있다. 술과 글은 실물이다.

+

나는 세상 어디를 가든 그곳에서 맥주부터 마시는 사람.

2 감자 칼에 손을 다치지 않으려면

불과 칼을 사용하는 부엌. 나에게 그곳은 세상에서 두번째로 위험한 장소이다. 첫번째는 물론 달리는 차 안의 운전석이다. 두 장소 모두 긴장이 필요하지만, 과정의 즐거움도 있고 결과의 보상도 따르니 피할 마음은 전혀 없다. 사실 나는 그 두 장소를 좀 좋아한다.

　내가 부엌일을 하기 시작한 것은 대학원생 때이다. 열 평짜리 아파트에서 대학생인 남동생과 자취를 했었다. 고등학교를 졸업할 때까지 수험생이라는 이유로 철저히 엄마의 보살핌을 받았고 대학생이 된 뒤로는 기숙사에 입주하거나 하숙을 했으므로 살림 솜씨가 어설플 수밖에 없었다. 하지만 내가 만든 음식을 먹으면서 이따금 남동생은 이렇게 말했다. "엄마가 해주던 거랑 맛이 똑같아." 그때 생각했다. '내가 참 재능이 많구나.' 그리고 그럴수록 겸손해야 했기 때문에 "먹어본 대로 짐작해서 만든 것뿐이야. 대물림이란 게 이런 식으로 이루어지는 건가봐"라고 애써 팩트 위주(?)로 대답했다고 한다.

먹는 것이 요리의 전 단계라는 생각은 요즘도 변함이 없다. 그래서 우리는 맛있는 걸 많이 사 먹으며 살아야 한다는 생각도. 맛있게 먹었던 음식을 반드시 구현해낼 의무는 당연히 없다. 미각을 개선시킴으로써 잠재력만 키워도 요리 관계자(요리사는 아닌)로서의 전문성을 인정받아 마땅하다.

그런데 내 친구 하나는 식당에서 맛있는 음식을 먹을 때마다 레시피를 알아야만 직성이 풀린다. 그대로 만들어보는 데에서 각별한 성취감을 느끼는 듯하다. 얼마 전 그 친구가 무를 썰다가 손가락을 베었다. 나는 곧바로 부엌 칼의 세계에 대해 알은체를 하며 손을 베이는 메커니즘을 주제로 장광설을 펼쳤다.

내가 본격적으로 칼질을 수련한 것은 신혼 시절. 당시에 결혼선물 인기품목이었던 모 출판사 요리백과전집의 별책부록 『조리도구 다루는 법』을 통해서였다. 덕분에 나는 미끄러운 양파를 한 손으로 붙잡고 가로세로로 슬라이스해야 하는 네모썰기도 할 수 있고, 칼날을 위에서 누르지 않고 앞을 향해 밀어내는 요령도 안다. 언젠가 외국에서 파티 준비를 돕다가 두

부를 손바닥 위에 올려놓고 써는 신공을 과시해서 그곳 주부들을 질겁하게 만든 적도 있다.

내가 생각하기로 부엌칼에 손을 베이는 이유는 세 가지이다. ①좁아서 ②급해서 ③하기 싫어서.

①칼질을 하려면 먼저 팔을 편히 움직일 만큼의 공간이 확보되어야 하고(옆에 다정한 사람이 붙어 서 있으면 안 된다), 도마 위에도 충분한 빈 공간이 있어야 한다(손이 빠른 걸 자랑하려고 혹은 옮겨놓는 게 귀찮아서 도마 위에 여러 종류의 재료를 늘어놓은 채 칼질을 해서는 안 된다). ②급한 마음에 중간 단계를 생략하면, 즉 손에 쥔 것을 내려놓지 않는다거나 도마 주변을 치우지 않으면 자칫 칼날이 손 가까이 왔을 때에 대처가 느려진다. ③하기 싫은 마음. 어쩌면 그것이 가장 위험한 상황일 수 있다. 칼을 쥔 채로 무려 '딴생각'을 하기 때문이다. (만약에 내 목에 칼을 겨누는 살인청부업자를 스스로 선택할 수 있다면 나는 무자비한 사람보다 잡념 많은 사람을 피할 것이다.)

인간은 고급 반사신경을 갖고 있고 또 어느 정도의 악조건은 컨트롤하거나 적응할 수 있는 영리한 유기체이다. 저 세 가지 중 하나 정도의 상황은 결정력이 없을 수도 있다. 하지만 둘 이상이 모이면 반드시 사고가 난다는 게 나의 생각이다.

어느 평화로운 오후 내가 저녁밥을 짓다가 무용수처럼 엇박자로 펄쩍 뛰어오르며 가운뎃손가락으로 분노를 표현한 것은 ②와 ③의 상황이 겹쳤기 때문이었다. 원고 마감을 앞두고 마음이 급한데 또 배는 고파오니 어쩔 수 없이 펜(?)을 내려놓고 칼을 쥐었던 것이다. 그 결과 피가 멈추지 않는 손가락에 거즈 손수건을 둘둘 말아 꾹 누른 채로, 세상에서 두번째로 위험한 장소인 부엌으로부터 가장 위험한 장소인 운전석으로 급히 자리를 옮겨 응급실을 향해서 가속페달을 밟아야 했다.

꿰맸던 상처가 아문 뒤로도 한동안은 칼질이 꺼려졌다. 그때 자주 해 먹은 게 감자 요리이다. 내 감자 칼만은 나를 다치게 하지 않으리라는 신뢰가 있었기 때문이다. 그러고 보니 손을 다치는 이유 하나가 더 있다. ④사용하는 도구에 문제가 있어서. 잘 들지 않거나 손잡이가 미끄럽거나 너무 무겁거나 가벼우면, 즉 내 예상대로 작동되지 않으면 칼날은 짐작과는 다른 곳을 건드린다. 게다가, 우리 앞에 놓여 있는 음식 속의 식재료를 상상해보자. 그 다양한 크기와 모양과 질감으로 짐작할 수 있듯이 조리는 무척 세분화된 작업이다. 저마다의 작업에 알맞은 도구를 사용하는 것이 중요하다. 그것을 알게 해준 것이 바로 나의 감자 칼이다.

"(그는) 내가 과외 선생과 함께 한국 음식을 만들어보기로 했다고 하자 먼저 계량스푼과 계량컵을 준비하라고 알려주기도 했다. 그곳 사람들은 순서와 분량이 명시돼 있는 레시피 없이는 시리얼조차 말지 못한다는 거였다."

소설에 썼던 이 문장은 나의 경험담이다. 20여 년 전 가족과 함께 시애틀에서 2년을 보낸 적이 있었다. 그때 나의 아이들에게 영어회화를 가르치던 백인 대학생이 '한국에서는 음식을 만들 때 계량컵을 사용하기를 멈춥니까?'라고 물었던 것이다. 다음날 바로 나는 계량컵과 계량스푼을 사러 주방용품점에 갔다. 그리고 그곳에서 끝이 보이지 않는 어마어마한 조리도구의 광대한 세계와 마주치고 말았다.

칼 한 가지만 해도 빵 칼, 고기 칼, 햄 칼, 굴 칼, (잠깐 쉬고) 커빙 칼, 치즈 칼, 자몽 칼, 채칼, (한국 사람에게는 도토리묵 칼로 보이는) 웨이브 칼…… 거기에 필러와 가위와 따개 종류까지 합하면 칼날이 있는 조리용품이 대체 몇 가지인지. 치즈를 갈 때도 굵기와 모양별로 그레이터 종류가 다양했고, 껍질을 벗기는 제스터 역시 레몬용과 생선용이 따로 있었다.

　부엌칼 하나로 고기를 탕탕 두드려 다지고 무 껍질을 종잇장처럼 얇게 벗기고 오징어에 격자 무늬 칼집을 내고 당근을 꽃 모양으로 오리기까지 했던 우리 어머니들에 비해서 요리에 임하는 태도가 얼마나 나약하고 의존적이며 비효율적인가. 한국의 부엌칼에는 심지어 손잡이 단면에 마늘을 찧을 수 있는 쇠 돌기까지 있지 않은가. 하지만 그것은 옥소OXO 감자 칼을 써보기 전까지의 생각이었다.

　감자 칼이 앞치마와 함께 미국의 어머니날 백화점 진열대에 단골로 등장하는 품목이란 건 나중에 알았다. 아니, 어머니날에 왜 감자 칼과 앞치마를 선물하지? 어머니들도 콘서트 티켓이나 여행 상품권이나 한정판 만화책과 굿즈를 받을 줄 안다고. 어머니를 위한 날만이라도 자유롭고 사적인 성격의 물건을 선물해야 하지 않나(이러한 나의 합당한 문제제기는 백화점들이 아버지날에는 공구 세트를 진열한다고 해서 약간은 진정되었다고 한다). 어쨌든 나는 그 감자 칼을 어머니날 할인 혜택을 받아서 사긴 했다.

　옥소 감자 칼은 'Good Grip'이라는 제조사의 모토대로 손잡이가 잡기 편했고 고무 빗날이 있어서 잘 미끄러지지 않는다. 창업자가 관절염으로 고생하는 아내를 위해 고안했다는데, 아픈 아내에게 왜 계속 감자를 깎게 만들 연구를 했는지는 접어두고 과연 손목에 부담도 덜했다. 그 물건을 쓴 이후 나는 적어도 감자를 깎을 때는 손을 다치지 않게 되었다. 부작용으로 주방용품점에 들어가면 장난감 가게에 들어간 아이처럼 가슴이 두근거리고 시간개념이 없어지긴 했지만. 그리고 한국으로 돌아올 때 내 이삿짐에는 온갖 조리도구뿐 아니라 케이크를 나눠 담는 집게, 달걀을 6등분 하는 커터, 아이스크림 스쿱 같은 것들도 들어 있었다.

몇 년 뒤 나는 뉴욕 현대미술관에 갔다가 유명한 미술품과 어깨를 나란히 하고 전시돼 있는 내 감자 칼을 보았다. 인류의 삶에 공헌한 아름다운 공산품이라서 영구 전시라는 형태로 '추앙'받는 모양이었다(추앙은 그곳 미술관 기념품점의 판매 형태로도 실현되고 있었다).

덕분에 나는 내 부엌에서 뉴욕 현대미술관의 전시품을 자주 사용하는 사람이 되었다. 이제는 오래되어서 홈집이 많고 날도 반짝거리지 않지만 여전히 안전하고 편리한 나의 감자 칼.

물건을 쉽게 버리지 못하는 나 같은 사람에게, 변하지 않는 디자인 감각과 견고한 기능의 지속이라는 클래식함은 얼마나 소중한 덕목인지.

혹시 이 글이 부엌에서 손을 다치지 않으려면 특정 상표의 감자 칼을 사라는 광고로 보이나요? 물론 아니다. 내가 20년 전 이 물건을 발견한 이후 주방기구는 계속 발전했을 테니까. 그럼 다치지 않기 위해서 용도에 맞는 주방 도구를 갖춰야 한다는 주장일까. 조금은 그렇다고 할 수 있지만 도구를 갖춘 뒤 본격적으로 요리를 하자고 권장하는 것은 결코 아니다. 도구가 없기 때문에 요리를 못하겠으니 사 먹겠다는 취지로 읽었다면 자의적 독해력 인정. 그러나 무엇보다, 복잡다단하고 심오 미묘한 부엌의 세계, 그리고 기획에서부터 개발, 조달, 재무, 제작, 관리, 고객 서비스 등등 안 하는 게 없는 종합 아티스트인 가사노동자의 세계를 단순직 혹은 당연직으로 치부하는 선입견에 대해서 나의 특기로 알려져 있는 냉소를 시전해보겠다는 거 아닐까.

날이 더우니 '간단히' 국수나 해먹자는 '해맑은' 가족이 있다면 그에게 세상 안전한 감자 칼과 함께 부엌을 양보하고, 시원한 돗자리에 누워 소설을 읽는 여름이었으면 좋겠다는 얘기 말이다.

+ ---

여름은 하지 감자와 이기적 생존과 소설의 계절.

3   나의 구둣주걱,
이대로 좋은가

요즈음 나는 거의 구두를 신지 않는다. 전에는 무조건 굽 높은 구두만 고집했다. 예정에 없던 일정이기도 했지만, 하이힐을 신은 채 만리장성 사마대에 올랐던 사람이 바로 나다. 킬힐도 여러 켤레 갖고 있었다. 킬힐을 신어보니 높은 데는 공기가 다르다는 둥 스탠딩 공연장에서 처음으로 가수의 바지 색깔을 봤다는 둥 키가 큰 남자랑 대화가 수월하더라는 둥 너스레를 떠는 글을 쓴 적도 있다. 친구들이 나에게 '킬힐형 음주가무 장인'이라는 별명을 붙여주었던 시절이다.

　구두 대신 운동화를 즐겨 신으면서부터 몇 가지 변화가 생겨났다. 우선 걷는 게 편해져 대중교통을 많이 이용하게 되었다. 스타킹 대신 면 양말을 신으니 발 위생에도 좋았고. 하지만 운동화를 신어도 구둣주걱만은 변함없이 사용한다. 구둣주걱의 도움으로 신발 속으로 수월하게 발을 집어넣으며 나는 매번 감탄하곤 한다. 좁은 틈에 딱딱한 지지대를 집어넣어 공간을 늘리고 그 속에 물건을 안정되게 위치시킨 다음 부드럽게 빠져나오는 도구의 작동 시스템. 어떻게 이런 생각을 해냈을까?

사실 우리 모두는 그 기능에 적합한, 딱딱하면서도 탄력이 있고 휴대가 간편한 물건을 항시 장착하고 있으니 바로 뼈와 살로 설계된 손가락이다. 나 역시 오랫동안 뒤꿈치 쪽에 손가락을 집어넣은 뒤 앞부리로 바닥을 콕콕 찍어가며 다소 구차한 모양새로 신발 속에 발을 욱여넣어왔다. 내가 문명인답게 구둣주걱이란 도구를 사용하게 된 것은 아마 마음에 드는 물건을 만난 덕분일 것이다.

시애틀에서 지낼 때 나는 차고나 앞마당에 쓰던 물건을 내놓고 파는 '개러지 세일'에 자주 갔다. 레이먼드 카버의 단편소설 「춤추지 않을래?」에서 한 남자가 떠나버린 여자와의 삶을 처분하기 위해 잔디밭에 물건을 내놓고 앉아 있던 그 개러지 세일. 직접 겪어보니 소설의 회한과 쓸쓸함이 한층 실감났다. 개러지 세일은 가재도구를 값싸게 장만하는 벼룩시장 같은 기능을 하지만 나에게는 물건을 사려는 목적 이외에 이국의 삶을 엿보는 방편이기도 했다. 온갖 생활용품과 책, 옷, 수집품, 취미 도구를 구경하는 재미가 각별했다.

특히 집 전체를 개방하는 에스테이트 세일은 그 집에 살았던 사람의 라이프 스타일이 고스란히 간직돼 있었다. 죽은 노인의 집을 그 상태 그대로 대행회사가 인계받아 누구든 들어가서 집주인이 생전에 쓰던 물건을 헐값에 사가도록 하는 그런 장소에 가보면 약병과 휠체어는 물론 앨범이나 편지뭉치까지 그대로 있었다. 그런 곳에서 나는 나무로 만든 골동품 스키와 유대 촛대와 맞춤양복점의 전화번호가 새겨진 무거운 옷걸이 등을 구경하며 여러 가지 생각에 잠기곤 했다. 어느 집에서인가 '1946년 사라, 결혼식에서'라고 적힌 빛바랜 흑백사진을 왠지 모르게 주머니에 넣었는데, 몇 년 뒤 그것이 「T 아일랜드의 여름 잔디밭」이란 단편소설이 되어주기도 했다.

나의 구둣주걱도 그중 어느 집에서 3달러 정도에 산 물건이다. 길고 우아한 곡선, 견고한 손잡이와 안으로 부드럽게 휜 몸체의 탄력성, 밑바닥의 기능적인 날렵함, 매끄러운 촉감과 은은한 광택. 뒷면에 '핸드 메이드 인 스코틀랜드'라고 새겨진 그것은 무려 상아로 만들어져 있었다. 말 그대로 상아색의 구둣주걱. 얼마 안 가 그것은 쾌적한 외출을 돕는 동시에 현관을 품위 있게 만들어주는 나의 애장품이 되었다.

그런데 이듬해 봄 그 도시에 있는 동물원에 갔을 때였다. 그곳은 동물 우리가 없고 자연 상태 그대로의 야생동물들을 멀리서 관찰하는 동물원이었다. 재롱을 보여주는 쇼나 먹이 주기 같은 이벤트는 당연히 없었다. 그때까지 내가 본 동물 중 가장 무시무시해 보였던 들개는 통유리가 설치된 실내에서 망원경을 통해서만 볼 수 있었다.

가장 가까이에서 본 것은 뜻밖에도 코끼리였다. 물론 우리 안이 아니었고 사육사가 목욕시키는 장면을 우연히 지나가다가 통유리 창 너머로 본 것이었다. 호스에서 흘러나오는 물줄기에 얼굴을 갖다대며 장난을 치고, 한쪽 발을 번갈아 들어올려 목욕에 협조하는 아기 코끼리의 귀여움이란. 그리고 문득 깨달았다. 내 현관에 놓인 구둣주걱이 본래 누구 몸의 일부였는지.

코끼리의 지능이 높다는 건 잘 알려진 사실이다. 바나나 농장에 접근하지 못하도록 울타리에 종을 매달았더니 코끼리가 진흙으로 속을 메워놓아 소리가 안 들리게 해놓았다거나, 농장을 지키는 개에게 짐승뼈를 '뇌물'로 바치고 무사 통과하더라는 얘기까지 있다. 물론 지능이란 인간이 만든 기준이고, 야생동물을 남획하지 말라는 주장과 코끼리의 지능이 높다는 건 아무 상관이 없다(동물들아, 지능이 높으면 인간이 안 죽인대. 어서 가서 아이큐 검사지를 받아오자? 물속 동물은 코팅 필수?).

하지만 기억력이 뛰어나서 '코끼리는 잊지 않고 복수한다'는 케냐 코끼리 연구소의 보고서 제목은 다소 함축적이다. 특히 요즘처럼 인간이 환경 파괴의 대가로 자연에게 보복을 당하는 일이 점점 잦아지다보면 나는 신발을 신을 때마다 죄의식 속에 이렇게 중얼거릴 수밖에 없다. 나의 상아 구둣주걱, 이대로 좋은가.

이대로 좋은 일은 결코 아니지만, 오늘도 나의 구둣주걱은 현관에서 내 외출을 돕고 배웅한다. 그나마 좋은 일이라면 그 구둣주걱에서 코끼리를 보듯이 깃털 베개에서 오리를 보고 가죽 가방에서 들소를 본다는 사실이다. 그리고 그처럼 죽음과 죽임이 개입된 '잘못된 만남'이 줄어들기를 바라는 마음 탓에 물건을 살 때 조금 까다로운 사람이 되었다.

채 1년을 못 넘겼지만 나는 소극적인 채식을 시도한 적이 있었다. 폴 매카트니가 내레이터로 참여한 〈도살장의 벽이 유리로 되어 있다면 모든 사람이 채식주의자가 될 것이다〉라는 영상을 본 뒤였다. 다큐멘터리 영화 〈조지 해리슨〉에는 한 친구가 폴 매카트니에게 '환경주의자가 가죽 점퍼를 입었어?'라고 놀리는 장면이 나온다. 그제야 깨달았다는 듯 자신의 점퍼를 새삼스럽게 내려다보는 폴 매카트니의 표정. 그때에도 나는 내 현관에 걸려 있는 구둣주걱을 떠올릴 수밖에 없었다. 그리고 오랫동안 혹은 남들이 살아온 방식을 무심히 답습하는 태도가 때로 편협하고 안이한 일이 되기도 한다는 것을.

+ ---

세상에서 가장 신고 벗기 어려운 건? 내가 알기로 부츠나 장화가 아니라 버선이다. 어린 시절 명절 아침이면 한복을 차려입은 엄마가 반투명한 미농지로 발을 감싸고 허공으로 들어올려 버선을 신는 모습을 보곤 했다. 미농지, 버선, 젊은 엄마. 모두 희미하고 아름다운 기억이다.

4 우산과
달력
선물하기

나는 한때 비가 오는 날마다 한 사람을 생각했다. 바로 내가 우산을 선물했던 사람. 오늘 그 우산을 쓰고 나갔을까. 마음에 들었을까. 그런 날 외출이라도 하게 되면 또 생각했다. 지금 그 사람도 내가 선물한 우산 아래에서 걷고 있는 건 아닐까. 이런 짐작은 우산이 비 오는 날에만 사용되는 물건이기에 가능하다. 거기에 또 한 가지. 내가 내 우산과 똑같은 물건을 선물했기 때문이기도 하다. 비 오는 날에는 내 우산을 보게 마련이고, 그러면 자연스럽게 그 사람의 우산을 떠올리게 되는 것이다.

그런데 만약 나 역시 그 우산을 누군가에게서 선물로 받아 갖게 된 것이라면?

주변에 똑같은 물건을 갖고 있는 친구들도 그런 경우가 많다. 마음에 드는 선물을 받았는데, 불현듯 그걸 좋아할 만한 사람이 떠올라 그에게도 선물하고 싶어졌고, 그 생각을 실천에 옮긴 것이다. 때로 그것은 선물 연쇄작용을 일으켜 단톡방에 갑작스러운 '똑같은 물건 인증샷' 사태가 만들어지기도 한다. 대개는 시크한 척하지만 은근히 유치하고 쑥스러운 이벤트를 좋아하는 나 같은 사람의 주도로.

한 야외 행사에 갔다가 비를 만난 적이 있다. 가방 속에 준비해온 접이식 우산을 급히 꺼냈는데 힘주어 펼치는 바람에 살을 부러뜨리고 말았다. 옆에 있던 A가 자신의 우산을 내게 건네주었다. 자신은 다른 일행의 장우산을 함께 쓰면 된다면서. 당연히 나는 그녀의 우산을 도로 돌려주고 장우산 아래로는 내가 들어가겠다고 말하려 했다. 그런데 웬일인지 A의 우산 손잡이를 그대로 꼭 쥐고 있는 게 아닌가. 고급스러운 무채색 바탕에 검은 양귀비꽃 패턴을 만족스러운 표정으로 올려다보면서 말이다. 가벼운데도 안정감이 느껴지는 참한 우산이었다.

그때 누군가 다가와 내게 우산이 예쁘다고 말을 건넸다. 안타깝게도 내 우산이 아니라고 하자 "너무 어울리는데요?"라는 예의바른 대꾸가 돌아왔고 나는 A와 눈을 맞추며 겸연쩍게 웃어 보였다. 그뿐이었다. 비는 곧 그쳤고 나는 A에게 우산을 돌려주었다. 그리고 얼마 후에 그녀에게서 똑같은 우산을 선물받은 것이다. (내가 아무런 압력도 행사하지 않았다는 사실은 선물을 받고 놀라는 나의 순수한 표정이 증명하고도 남음이 있었다고 주장해본다.)

그 우산을 펼 때마다 자연스럽게 A가 떠오른 것은 당연한 일이었다. 물건에 대한 그녀의 안목과 다정한 배려를 생각하며 종종 그리운 마음도 들었다. 그때까지는.

이듬해 B와 함께 지방 행사에 갔던 날에도 비가 오락가락했다. 기차와 택시로 이동하는 동안 한 번도 펼칠 일은 없었지만 B의 장우산은 종일 그녀와 동행해야 했다. 행사장이나 식당에 드나들 때에도 신경써서 챙겨야 했으므로 무척 성가셨다. 그런데 나는 내심 그 성가심을 즐거운 마음으로 지켜보았다. 그녀에게 내 것과 똑같은 우산을 선물하겠다는 아이디어가 떠올라 남몰래 회심의 미소를 짓고 있었던 것이다. 그리고 계획대로 B에게 그 우산을 선물했다. 그 이후부터는 비 오는 날이면 이제 그녀를 생각하게 되었다. 오늘 그 우산을 쓰고 나갔을까. 마음에 들었을까. 사실 그것은 나의 지병인 '감정의 호들갑'이기도 했다.

  그 생각을 더이상 하지 않게 된 것은 내 주변에 같은 우산을 가진 사람이 네 명이 넘으면서부터였을까. 그보다는 우산에 관한 새로운 에피소드가 생겨나서인지도 모른다. 비 오는 날은 계속해서 다시 찾아오고 우산과 관계된 기억은 늘 새로 생겨나며 새로운 이야기는 지난 기억들을 덮어주니까. 어쨌든 요즘 내 양귀비꽃 우산은 A나 B에 대한 연상을 거치지 않고 그냥 내가 좋아하는 물건 중 하나이다.

  한때 나는 외국 여행을 다녀올 때마다 달력을 선물하곤 했다. 아무리 둘러봐도 외국의 서점에서 처음부터 끝까지 읽을 수 있는 유일한 인쇄물이 달력뿐이더라고 농담을 했지만, 그 나라의 풍경이나 문화를 담은 독특한 달력이 눈길을 끌었기 때문이었다. 그 나라 언어로 경구가 씌어진 달력이라든지 농사 달력, 별자리 달력 등등. 받을 사람들을 하나씩 떠올리며 그가 좋아할 만한 달력을 고르는 재미 또한 컸다.

  "언니, 달력을 선물하면 일 년 동안은 그 사람에게 기억될 수가 있어." 이것은 내 소설 속 등장인물의 말이다. 그 말에 언니, 즉 주인공은 이렇게 대꾸한다. "그리고 일 년이 지나면 달력과 함께 버려지는 거니?"

이 문장을 쓸 때 나는 누군가에게 기억되고 싶어하는 간곡하고 다정한 마음에 딴죽을 걸고 싶었던 것 같다. 하지만 기억되기 싫어서가 결코 아니었다. 기억되지 못할까봐 두려워하는 마음에 가까웠다. '내가 나에게 신랄해지면 불운이 나를 좀 봐줄까 싶어서' 일부러 삐딱한 것이다. 비 오는 날 내가 선물한 우산을 쓰고 있을 사람을 떠올리는 것도 비슷한 맥락일까. 나를 기억해달라는 마음이 거절당할까 두려워 내 쪽에서 기억하겠다고 우기는 것?

아니. 그건 아니다. 선물이란 인사를 건네고 고마움을 표현하는 일이다. 그리고 그 물건에 만족하고 즐거워할 것을 생각하면 내 기분이 저절로 좋아지는, 그러니까 그냥 좋아하는 마음인 것이다. 복잡하게 생각하지 말자. 정확하게 생각하려고 애쓰는 조금 전 내 소설 주인공의 말을 다시 인용해보자면 나는 "가볍게 살고 싶다. 아무렇게라는 건 아니다".

달력에 관한 저 문장은 인터넷에 가끔 인용되는 글이다. "고독은 학교 숙제처럼 혼자 해결해야 하는 것이지만 슬픔은 함께 견디는 거야." "삶이 내게 할말이 있었기 때문에 그 일이 내게 일어났다." "나는 친절해진 것이 아니었다. 누군가를 슬프게 할까봐 조금 조심스러워졌을 뿐이다." 같은 문장도 보인다. 그리고 "무슨 생각 해? 네가 병들었으면 하는 생각. (······) 약해 보일 때만 네가 내 것 같아." "오늘은 당신 생일이지만 내 생일도 돼. 왜냐하면 당신이 오늘 안 태어났으면 나는 태어날 이유가 없잖아." 같은 감성적(?)인 글들. 사실 저 문장들은 내가 등장인물들에게 제발 그러지 말라고 하고 싶어서 쓴 것인데······ 아무렇게나 해석해주세요. 다 좋아요. 하지만 제 이름으로 가장 많이 인용되는 시적인 문장, 그 글을 쓴 분은 저와 이름만 같은 드라마 작가랍니다······

5 친구에게
빌려주면
안 되는 물건

만화경을 본 적이 있는지? 어릴 때 나는 동화책 속에서 처음 만화경을 알게 되었다. 직접 본 적은 없었다. 하지만 그 시절 보석을 본 적이 없는데도 '보석 같은'이라는 표현에서 아름다움과 고귀함을 연상했듯이, 만화경 역시 나에게 상상만으로 신비함과 다채로움을 떠올리게 해주는 단어였다.

왜 아니겠는가. 어린이는 아직 쓸데없는 정보가 학습되지 않았고 편견을 가질 만한 시간을 살지도 않았으므로 수많은 것을 상상해낼 수 있는 능력자이다. 그리고 순수하고 착한 상상만 하는 게 아니다. 때로 비밀스러운 악의도 떠올린다. 어른들은 어린이를 고정관념 안에서 해석하고 그 선입견을 굳히기 위해 때로 자신의 어릴 때 모습은 다 잊은 척하는데, 작은 인간인 어린이들은 더욱 섬세하게 이해받을 필요가 있다.

어린 시절 내가 은밀하게 악의를 실현시키는 방법은 일종의 주문 형식이었다. 운동장 조회시간마다 공깃돌로 내 등을 맞히는 놀이를 했던 남자애들. 그애들을 향해 이렇게 중얼거렸다. '너희들은 선생님한테 매를 백 대쯤 맞게 된다, 수리수리 마수리!' 비 오는 등굣길 내게 흙탕물을 끼얹고 그냥 가버린 자전거 탄 아저씨에게는 '가다가 바퀴에 빵꾸나 나라, 얍!'이었다. 여기까지는 내심 당당함이 있는 악의였다. 하지만 나를 다리 밑에서 주워온 아이라고 놀리던 이웃 할머니가 아프다는 소식을 듣고 중얼거렸던 '힘내라, 감기! 몸살!' 같은 주문은 이내 죄책감을 느끼고 철회해야 했다.

어린이는 정의로운 존재이므로 뜻밖에도 죄의식을 많이 느낀다. 어른과 다른 점이다. 그리고 자신이 나쁜 사람일까봐 두려워하는데, 그것은 어른들이 아이들을 다루기 쉽게 하기 위해서 착한 어린이라는 프레임을 만들어 겁을 주기 때문이다.

"어린아이일 때는 누구나 자신이 착하다고 믿고 싶어합니다. 왜냐하면 착한 아이만이 어른들의 사랑을 받을 수 있으니까요. (……) 꾸중을 들을 때마다 큰 소리로 우는 아이들만 봐도 알 수 있죠. 그애들은 잘못을 뉘우쳐서 우는 게 아닙니다. 혹시 자기들이 착하지 않은 아이일까봐 겁이 나서, 아니면 자기를 착하지 않다고 생각하는 게 억울해서 우는 거죠. 아이들에게는 자기가 착하지 않은 아이로 보인다는 사실이야말로 사랑받을 수 있는 밑천, 즉 생존의 조건을 잃어버리는 일이거든요. 사랑을 원하는 것은 모든 약한 존재들의 생존 본능이니까요."

내 소설 속의 이 삐딱한 구절은 내가 어린 시절 품었던 악의를 두둔하기 위한 건지도 모르겠다. 혹은 오랜 시간 꾸준히 착한 아이로 행세했던 그 시절 나의 간교함(?)에 대한 변명일 수도 있다. 어린 나의 최고 극비사항이기도 했는데, 내 생각에 나는 결코 어른들이 믿고 있듯 착한 아이가 아님은 물론이고 착한 척 잘도 어른들을 속이고 있었던 것이다.

내가 친구에게까지 악의적인 상상을 사용한 데에는 계기가 있었다. 어느 날 일제고사(이 조선왕조실록 시절의 단어가 떠올라버려서 나도 나에게 놀라는 중)를 앞두고 시험공부를 하겠다는 나에게 심부름을 시키면서 동네 아저씨가 이렇게 말했다. "시험 전날은 공부하는 거 아니야. 공부 잘하는 친구 집에 놀러가서 시험공부를 못하도록 방해해야 돼." 그때 나는 엄청난 삶의 진리를 깨달았는데 다른 사람이 못해야만 내가 잘한다는, 아니 잘한 셈이 된다는 사실이었다. 경쟁이라는 개념을 잘못 배운 게 틀림없다.

그때 이후 나는 시험 날마다 필사적인 노력을 해야 했다. 공부 잘하는 친구의 어깨를 짚지 않도록. 시험 날 누군가 어깨를 짚으면 미역국 못지않게 시험을 망치는 데 효과가 있다지 않은가. 행여 그 나쁜 짓을 하게 될까봐 내 두 손을 꼭 부여잡고 있는데, 그동안에도 머릿속의 상상은 계속되었다. 다른 아이의 손이 친구의 어깨를 스칠지 모르잖아. 계속 지켜보아야만 해. 그때 친구가 이렇게 물어온다면. "왜 그렇게 쳐다봐? 내 어깨에 뭐 묻었어?" 그러면 나는 "아니" 하면서 무심코 어깨를 툭 치는 것이다…… 다음 순간 나는 가슴 앞에서 두 손을 꼭 붙들어맨 채로 세차게 도리질을 해야 했다.

그 무렵 읽은 동화 중에 소원을 들어주는 호리병 이야기가 있었다. 아마 원작은 로버트 스티븐슨의 「악마의 호리병」일 것이다. 주인에게 온갖 부귀영화를 누리게 해주는 대신 죽은 뒤에는 지옥불로 떨어뜨린다는, 축복과 저주의 마법이 동시에 깃든 호리병. 그 저주를 벗어나는 방법은 한 가지, 호리병을 자신이 샀던 것보다 싼 가격에 되팔아야만 한다. 그러자 부귀영화의 단맛에서 깨어난 주인들은 필사적으로 호리병을 팔아 치우려 하고…… 만약 누군가가 어찌어찌해서 그 호리병을 단돈 1원에 샀다면? 그보다 적은 돈은 없으므로 지옥불을 피할 방법은 없다.

물론 무시무시한 지옥의 존재를 굳게 믿었고 돈도 없었던 어린 나는 아무리 소원을 이루어준다 한들 그런 꺼림칙한 호리병을 살 일은 절대 없었을 것이다. 그런데 어쩌나. 내가 읽은 동화 버전에서는 어른들처럼 호리병을 되팔아야 하는 게 아니었다. 친구의 주머니에 몰래 옮겨 넣어서 저주를 덮어씌우는 걸로 각색돼 있었다. 나에게 호리병 살 돈은 없지만 반 친구는 육십 명 넘게 있지 않은가.

스스로의 경험을 통해 이미 인간의 머릿속 악의를 파악하고 있던 나는 세상을 의심의 눈초리로 바라보기 시작했다. 특히 뭔가 많이 가진 듯이 보이는 아이를 경계했다. 그애가 호리병의 도움으로 소원을 다 이룬 뒤 그것을 내 주머니에 몰래 넣을까봐 한동안은 주머니를 봉하듯 손을 깊숙이 집어넣고 다녀야 했다. 그 결과 품행이 방정하지 않다고 선생님에게서 꾸중을 듣는 일까지 일어났다. 악의에 대한 상상이 실제로 나에게 나뿐 일을 불러왔다는 권선징악적 해석이 가능한 부분이다.

악의는 종종 금기와 연결되기도 한다. '해를 똑바로 보면 눈이 먼다.' 그 말을 들은 이후 나는 해를 정면으로 바라보지 않으려 애쓰는 한편, 그 사실을 모르는 누군가가 배짱을 과시하다가 눈이 멀어버리는 상상을 하며 햇볕이 쨍쨍한 날 얼마나 주위를 두리번거렸던가. '나를 향해 달려오는 기차는 죽음을 뜻한다.' 성인용 주간지에서 엉터리 꿈풀이를 읽은 다음에는 잠들기를 두려워한 나머지, 친구에게 그 사실을 알려주어 두려움에 동참시키고 싶은 유혹을 이겨내려고 노력해야 했다.

어른이 되어서도 비슷한 경험을 할 때가 있다. 외진 댐 근처를 걷다가 수문에 붙은 '절대 열지 마시오'라는 경고문을 보았을 때, 낯선 건물의 계단참에서 마주친 수상한 문 손잡이 위의 '돌리지 마시오'라는 문구, '출입 금지' '접근 금지' '촉수 엄금' 같은 경고문들. 더구나 그것이 휘갈겨 쓴 손글씨일 때, 게다가 맞춤법이 틀렸을 때(타임머신으로 다른 시대에서 온 사람이거나 외계인일지도 모르므로) 금기를 넘어 비밀에 접근하려는 나의 상상력이 가동되기 시작한다. 그리고 그때마다 무척이나 어른스럽게(?) 그 호기심을 이겨낼 수 있는 것은 어린 시절에 악의를 시뮬레이션했기 때문이라고 내 멋대로 짐작을 해보곤 한다.

그래서, 만화경 이야기는 언제 나오냐고요? 그러게 말입니다.

나의 만화경은 일본 여행중 오타루에서 산 것이다. 기념품 거리에서 만화경 가게를 발견했을 때 나는 적잖이 흥분했다. 내 어린 시절 동화 속에 존재했던 만화경. 풍물장수 노인의 허락을 받은 선택된 아이들만 유리 구멍에 눈을 갖다 댈 수 있는 신비로운 체험. 염탐과 비밀과 금기와 짜릿한 최면을 상상하게 만들었던 물건.

만화경에 눈을 대고 바라보면 시시한 일상적 풍경이 사라지고 그 자리에 마치 살아 움직이는 듯한 아름다운 무늬가 나타난다. 또 렌즈를 조금씩 돌리는 데에 따라 끊임없이 다른 문양이 나타나서 퍼져나갔다 오므라들었다 하며 갖가지 형태로 변형된다. 그야말로 요지경. 사물의 형태와 색의 파편을 미세하게 연결시키고 왜곡해서, 문자 그대로 만 가지의 풍경을 연출해내는 것이다.

나는 그 가게에서 홀린 듯 만화경 속 세상을 들여다보았다. 그런 다음 그중에서 적당히 고급스럽고 특이한 색깔이면서 손바닥에 쏙 들어오는 사이즈의 만화경을 골랐다. 오랜만의 설렘이었다. 포장한 상자를 건네주며 안목을 칭찬하는 주인의 의례적인 말에 나 역시 어린 시절에 지었을 천진한 웃음을 한껏 연출해 보임으로써 보답했다.

집에 돌아와 상자를 열어보니 만화경과 함께 작은 쪽지가 들어 있었다. 기하학적 문양을 마음껏 즐기되, 이 만화경으로 태양을 바라보면 시력을 잃을지 모르니 조심하라고 경고하는 내용이었다. 만화경은 눈을 멀게 만드는 위험한 물건이 될 수도 있었다. 순간 내 머릿속에는 나쁜 상상이 떠오르고 말았다. 어린 시절의 소환이 그 당시 악의의 상상까지 불러낸 것이다. 그러니 내가 그 멋진 만화경을 갖고 나가 자랑하지 못하도록 내 손으로 서랍 깊숙이 집어넣을 수밖에. 시험 날 친구의 어깨를 짚지 않기 위해 혼신을 다하는 그 가상함으로.

금기 너머를 상상하는 것, 사소한 악의를 품는 것. '인간적으로' 둘 다 피할 수 없는 일이라고 생각한다. 그러나 우리에게는 그것들을 제어하는 자유의지가 있다. 동화 버전이 아닌 소설 「악마의 호리병」의 결말은 주인공과 아내가 서로 그 저주의 호리병을 차지하려고 애쓰는 내용이라고 한다. 남편의 저주를 대신 떠안기 위해 아내가 사람을 시켜서 남몰래 남편의 호리병을 사들이고, 또 그 사실을 알게 된 주인공은 아내에게서 그 저주를 되찾아오려고 호리병 탈환 작전을 펼치는 것이다. 결국 가장 최상위의 자유의지인 사랑이 탐욕의 비극을 해결해낸 모양이다.

오랜만에 서랍 정리를 하다가 이 만화경을 발견했을 때 떠오르는 사람이 있었다. 밴드 국카스텐을 좋아해서 가수의 이름이 새겨진 티셔츠까지 맞춰 입고 공연을 따라다니던 친구. 국카스텐이 만화경이라는 뜻이라는데, 그녀가 내 만화경을 봤다면 '태양을 피하는 법'도 아랑곳하지 않고 다짜고짜 눈에 갖다 댔을 게 틀림없다. 친구야, 알고 있니. 내가 너의 눈을 지켜냈어. 물건을 빌려주지 않음으로써. 그러기 위해서 남의 눈을 멀게 하는 악의적인 착한 상상, 그리고 무언가를 하지 않기 위한 적극적인 무위의 노력이 필요했단다.

+ ─────────────────────────────

반어법에는 중독성이 있으며, 높은 확률로 변명을 해야 한다.

6   다음 중
나의 연필이
아닌 것은?

수잔 손택식으로 말하자면, 나는 이분법에 반대한다. 선과 악 사이에는 수많은 윤리적 스펙트럼이 있다고 생각하기 때문이다. 안과 밖, 위와 아래 역시 확연히 경계지을 수 없으며 남과 여 사이에도 여러 정체성이 존재한다. '세상에는 두 종류의 사람이 있다'라든가 '나쁜 소식과 좋은 소식이 있는데 뭐부터 들을래' 같은 재치 역시 그리 좋아하지 않는다. 그럼에도 불구하고 그 어법을 써먹어보겠다(좋아하지 않는다고 해서 안 하는 건 아닌 사람, 나). 나의 시간은 소설을 쓰는 시간과 쓰지 않는 시간으로 나뉜다.

　두 시기의 나는 약간 다른 것 같다. 평소의 나는 경솔한데다 치우침과 지나침이 많지만, 쓰기 시작하면 제법 예민하고 신중해진다. 그리고 세상 모든 소설가를 존경한다. 다들 너무 잘 쓰고 훌륭하다. 현재 내가 끼적이고 있는 글에 비하면. 그런데 또 산문을 쓰다보니 산문을 쓰는 작가들에게 비슷한 마음을 품게 되었다(쓰지 않는 시간이 돌아오면 어떻게 바뀔지 모르지만, 이분법 주의!). 요즈음 나는 산문집들을 다시 들춰보면서 새삼스레 산문 공부를 하는 중이다.

김연수의 여행 산문집『언젠가, 아마도』에는 상트 페테르부르크의 가이드가 문구점을 에르미타주 국립미술관만큼이나 중요하게 소개하는 일화가 나온다. 가보고 싶은 장소가 어디냐고 물어서 무심코 연필 구경을 좋아한다고 답했다가 문구점으로 정성스럽게 안내를 받는 상황이다. 도쿄에 있는 십이층짜리 문구점 이토야도 등장한다. 나 역시 외국 여행중에 연필 사기를 좋아하는 사람으로서, 이토야 건물에 들어서자마자 폐점 시간을 체크하기 위해 시계부터 본 경험이 있다.

10여 년이 지난 지금까지도 내 서랍에 이토야 연필이 몇 다스나 남아 있으니 그곳에서 나의 흥분과 낭비의 규모를 짐작할 만하다. 그 연필은 여전히 내가 가장 좋아하는 필기구이기도 하다.

마음에 드는 다른 연필들도 물론 있었다. 이를테면 부드럽게 써지고 지우개도 교체할 수 있는 팔로미노 블랙 윙. 연필

정기구독은 가격이 부담스러워서 망설이고 있지만, 다양하게 출시되는 한정판을 구경하기 위해 가끔씩 홈페이지에 들어가본다. 그런데도 일순위가 아닌 것은 육각형이라는 점. 손안에서 미끄러지지 않기 위해 최적화된 형태일 텐데 나처럼 연필을 꼭 쥐는 습관이 있는 사람은 얼마 안 가 손가락이 아파온다.

"나는 조그만 좌식 책상 앞에 앉아서 '절대 믿어서는 안 되는 것들'이라는 제목의 목록을 지우고 있었다. 동정심, 선과 악, 불변, 오직 하나뿐이라는 말, 약속…… 마침내 목록을 다 지운 나는 내 가운뎃손가락 마디에 연필 쥔 자국이 깊게 파인 것을 한참 동안 내려다보았다. (……) 요즘도 뭔가를 쓰다가 이따금 연필을 내려놓고 가운뎃손가락 마디의 옹이를 한참 내려다보곤 한다."

내 소설에 나오는 이 장면은 나 자신의 습관을 그대로 옮겨온 것이다. 글을 쓰다 말고 제 손가락을 내려다보는, 다소 괴상해 보이는 습관? 그게 아니고 연필을 지나치게 힘주어 쥐는 것, 글씨를 꾹꾹 눌러 쓰는 버릇 말이다. 그 때문에 학창시절 언제나 오른쪽 가운뎃손가락 마디에 툭 튀어나온 옹이가 있었고 필기를 하다보면 그곳이 눌러서 벌겋게 되곤 했다.

당연히 글 쓰는 속도도 느렸다. 좀 느리게 쓰면 어때. 그런데 문제는, 쓰는 속도가 생각의 속도를 따라잡지 못한다는 점이었다. 아직 문장 한 개를 다 옮겨 적지도 못했는데 머릿속에서는 이미 그 문장을 지워버린 뒤 다음다음 문장을 이어가는 식이었다.

나는 손가락이 아프다는 이유로 내 심오한 사유를 글에 담는 일을 어느 정도 포기할 수밖에 없었다. 긴 글을 써내야 하는 소설가의 길은 난이도가 높았으므로, 눈물을 머금고 더 어려운 미션인 '시인 되기'로 꿈을 수정한 시절도 있었다. 그런 내가 어떻게 해서 소설가 중에도 늘 쓸데없이 길게 쓰는 소설가가 되었을까. 그것은 펜을 사용할 필요가 없고 생각의 속도를 충분히 따라잡으며 글을 고치기도 쉽게 만들어준 나의 286 컴퓨터 덕분이다. 그리고 좋은 연필도 도움이 되었을 것이다.

원형 연필은 각이 없어서 세게 쥐어도 손가락이 아프지 않다. 하지만 잘 굴러간다. 잠깐 내려놓고 다시 찾으면 어느새 사라져서 발밑에 가 있기 일쑤이다. 어떤 회의 자리에서는 나의 원형 연필이 자꾸 탁자 아래로 굴러떨어지는 바람에 다른 사람들이 여러 번 주워주어야 했다. 관심을 끄는 데에는 성공

했지만 회의가 무척 산만해져 결과적으로 좋은 인상은 주지 못했다(연필 때문이었다고 생각하자).

이토야 연필은 원형인데도 잘 굴러떨어지지 않는다. 접지면의 마찰을 만들어주는 고무 지우개 덕분이다. 지우개가 쇠붙이로 고정되지 않고 요철로 맞물려 있는데 마치 연필 끝에 굵은 검은색 선을 넣은 듯 자연스럽게 이어진 것이 보기에도 좋다. 나처럼 생각의 변덕이 심해 수정사항이 많은 사람에게 연필에 달린 지우개는 필수이다. 즉 부드럽게 잘 써지고 각지지 않고 굴러가지 않고 지우개가 있는 연필이 나에게 최선인 것이다.

하지만 내가 늘 최선의 연필만 쓰는 건 아니다. 최애에 대한 충성도가 높지만 새로운 대상을 향한 호기심 역시 포기할 수는 없다는 것. 그것은 유연한 사람이 가진, 인생의 양다리적 태도 같은 게 아니겠는가. 내게 갖가지 종류의 쓰다 만 연필이 많은 것도 그 때문이다. 그리고 어디까지나 생각이 빨리 진행되기 때문에, 쓰던 연필을 어디에 두었는지 찾을 시간에 새 연필을 꺼내 깎을 수밖에 없는 것이다. 게다가 누구나 알다시피 모든 펜에는 발이 달렸지 않은가 말이다.

그것은 나의 엄마도 알고 있는 사실이었다. 나와 전화통화를 할 때마다 엄마는 "아이고, 잠깐만. 잊어버리기 전에 적어놔야 하는데, 이놈의 펜은 쓰려고만 하면 다 도망을 가고 없다니까"라고 투덜대곤 했으니까. 그다음 말은 으레 "가만있어봐라. 아이고, 내가 또 무슨 말을 하려고 했더라. 분명 할말이 있었는데……"였다. 엄마에게 나는 늘 바쁜 사람이라서 시간을 뺏지 않으려다보니 통화할 때마다 마음이 급해졌던 것이다. 그런 엄마를 위한답시고 나는 집안 곳곳에 비치해놓으라며 빅 볼펜 두 타스를 사드렸었다. 한편 엄마처럼 펜의 실종사건을 번번이 겪고 있는 나 자신을 위해서는…… 이 역시 외국 여행 중 필기구 순례의 결과인데, 렉손의 데스크 펜을 샀다고 한다.

다음 중 나의 연필이 아닌 것은? 이 질문에 혹시 사진 속에서 '나의' 연필을 가려내려 하셨는지? 아닌데. 연필이 '아닌 것'을 찾아보라는 뜻이었습니다.

샤프 펜슬은 연필이다. 특히 도쿄의 미술관에서 샀던 저 사진 속의 샤프 펜슬은 감쪽같이 연필을 깎아놓은 모양으로 만들어졌다. 애플 펜슬 역시 이름 그대로 연필은 연필인 것이고. 그리고 몸통에 이로 물어뜯은 듯한 자국이 있는 나무 연필들.

모조리 다 내 파베르 카스텔 연필깎이가 한 짓이고 따라서 내 연필이 틀림없다. 빙고. 급한 메모를 도맡아 해주는 나의 빨간색 렉손 데스크 펜만 연필이 아닌 볼펜이다(돈 텔 마마……).

사진 속에는 연필이 아닌 펜이 또 한 개 있다. 은행에서 방문객에게 주는 파란색 볼펜으로, 어느 은행 어느 지점이라고 찍혀 있다. 나는 그 볼펜을 은행에서가 아니라 그 은행에 다녀온 것으로 짐작되는 시인 선생님께 받았다. 10여 년 만에 문학 행사에서 마주쳐 잠시 같은 테이블에 앉았는데 갑자기 가방에서 꺼내 건네주셨던 것이다. 의아하게 바라보는 내게 선생님은 담담하게 말씀하셨다. 응, 너무 반가워서.

어쩐지 마음이 뭉클해져 말없이 내 손바닥 위의 볼펜만 뚫어지게 바라보았던 그때. 나의 머리 위로는 청춘의 한 시절이 천천히 지나가고 있었다. 인생이 무서워서 이불을 뒤집어쓰고 선생님의 시를 읽다가 잠들었던 밤들, 선생님의 시집을 함께 읽으며 친구와 약속했던 먼 미래들, 단지 바닷가 높은 바위에 기댄 채 선생님의 시구를 중얼거리기 위해 떠났던 남쪽 여행.

생각났다, 286 컴퓨터나 최선의 연필 이전에 나를 소설가로 이끌어준 중요한 한 가지. 시심이라고 불리는, 그 위험하고 아름다운 아득한 세계. 시심은 천심.

+ ---

- 그렇습니다. 작가가 되어 좋은 점은 내가 좋아하는 작가를 만날 수 있다는 것.
- 초등학교 6학년 때, 읍내의 문화원에서 동급생과 함께 2인 동시전을 연 적이 있었다. 전시를 구경 왔던 한 남자 고등학생이 방명록에 이렇게 적어놓았다. "시심은 천심이란다. 어렵니? 나도 어렵다." 나에게 그 문구는 충격이었다. 정말로 어려웠던 것이다. 교복을 입은 그 까까머리 남고생이 나에게 준 충격은 수십 년이 흐른 지금까지도 시를 경외하게 만든다.

7 다음 중
나의 사치품이
아닌 것은?

●

"내가 일하는 찻집에서는 손님들이 놓고 간 물건을 카운터 서랍에 보관해둔다. 그 여자 손님의 수첩도 거기 들어 있었다."

이것은 내가 쓴 단편소설의 시작 부분이다. 그 수첩은 이렇게 묘사된다.

"품위 있는 광택이 나는 검은색 소가죽이었고 오른쪽 귀퉁이에서 몽블랑 고유의 엠블럼인 육각형 눈의 결정이 흰색으로 차갑게 빛났다. 펼치면 왼쪽에 부드러운 물결 모양으로 커팅된 카드 홀더가 두 칸, 오른쪽에는 작은 분리형 수첩이 끼워져 있었다. 그리고 그 갈피에 역시 흰색 눈의 결정이 새겨진 매끈한 검은색 소형 볼펜이 오만하지만 성실한 자태로 얇은 가죽에 감싸여 꽂혀 있는 물건이었다."

지금 이 대목을 찾아 읽는 내 마음이 씁쓸한 데에는 이유가 있다. 이처럼 자세히 그려낼 수 있었다는 건 실물을 눈앞에 놓고 보면서 썼다는 뜻인데, 지금은 이미 잃어버리고 없는 물건이기 때문이다. 사실 나는 명함 지갑만한 그 수첩을 세 번이나 잃어버렸다.

첫번째는 소설에서처럼 찻집에 놓고 왔다가 되찾았다(소설 속의 미스테리한 여자는 찻집에 다시 나타나지 않지만 현실에서의 나는 잔뜩 울상을 지은 채 헐레벌떡 그곳으로 뛰어갔다고 한다).

두번째는 버스 안에서 떨어뜨렸는데 시민의식이 투철하신 승객이 주워서 돌려주었다. 그런데 수첩에 끼워져 있던 명함을 보고 연락을 해왔다…… 그게 무슨 의미이겠는가. "신기하네요. 제가 작가님을 실제로 만나는 건 처음이거든요." "아, 네에." 이런 대화가 오가는 중에 나는 그분이 말하는 '작가님' 앞에 분명히 '칠칠하지 못한' '정신머리 없는' 같은 단어가 생략돼 있을 거라 생각했고, 어떻게 하면 '업계'의 이미지를 회복시킬 수 있을지 잔머리를 굴리고 있었다. 짐짓 품위 있고 이지적인 표정을 짓는 한편으로 고마운 마음이 충분히 표현되도록 한껏 입가를 올렸는데, 그때도 역시 울상이었을 것이다.

세번째로 울상을 지을 일은 영영 일어나지 않았다. 그랬다면 그 수첩이 아직 내 곁에 있었을까. 혹은 내가 같은 물건을 네 번씩이나 잃어버린 사람으로 거듭나 있을까……

　수첩에 비하면 펜은 한층 더 잃어버리기 좋은 조건을 갖고 있다. 상습 분실사범인 내가 그 이점을 간과할 리가 없다. 펜을 쥘 줄 알게 된 이래로 얼마나 많은 펜을 잃어버렸던가. 그걸 아는 사람이라면 아끼는 펜은 밖으로 갖고 나가지 않아야 마땅하다. 특히 선물로 받은 몽블랑 볼펜 같은 물건은. 적당한 무게감을 가졌으면서 볼이 부드럽게 미끄러지고 글씨가 선명하고 또 내 손에 맞게 길들여진, 나의 사치품이니까.

　그런데도 그것을 기어코 지니고 나가는 경우가 있다. 가령 인터뷰나 강연을 할 때인데, 이미지 메이킹을 위한 소품이 필요해서는 결코 아니다(취향을 과시할 나이도 아니고 중후한 분위기는 이미 충분하다). 그 펜을 손에 쥐고 있으면 이상하게도 마음이 든든해지기 때문이다. 마치 오랜 친구가 따라와준 기분이 들고, 긴장도 덜 하게 된다.

　또 한 가지는 내 책에 사인을 해야 하는 경우이다. 어떻게 설명해야 할지 모르겠지만, 나는 내 책을 원하는 독자에게 내가 아끼는 펜으로 이름을 적어주고 싶다. 자기 책에 사인을 하는 건 작가로서 호사를 누리는 일이다. 그 호사를 독자에게 사치스럽게 전달하려는 일종의 리추얼이라고나 할까.

그런 마음으로 갖고 나간 몽블랑 볼펜을 독일의 문학 행사에서 잃어버린 적이 있다. 내가 당황한 얼굴로 탁자 밑을 두리번거리자, 사정을 알게 된 한 독일 독자가 자신의 펜을 내 손에 쥐여주며 말했다. "이걸 대신 갖고 가세요. 오늘의 만남을 기억하게 해줄 거예요." 그리고 이렇게 덧붙였다. "물건을 잃어버리면 그 장소에 다시 가게 된대요. 다음에 꼭 또 오시기 바랍니다." 감동을 받은 나는 나의 사치품을 잃어버린 상실감과 비탄을 잠시 감추고 그분의 펜을 고맙게 받아들였다. 그마저도 그 여행이 끝나기도 전에 잃어버렸지만. 상관없어요, 비록 물건은 없어졌지만 그날을 생생히 기억한답니다. 특히 다시 가게 될 거란 그 말씀을……

상습 분실범인 나로서도 그 볼펜은 내가 잃어버린 물건 중 가장 값비싼 물건이었을 것이다. 그만큼 학습효과가 컸는지 그뒤에 갖게 된 몽블랑 볼펜은 10년 넘게 잘 지니고 있다. (내가 그럴 리가. 몇 번의 위기가 있었고, 가장 결정적인 위기는 몇년 전 리스본의 한국 대사관 행사에 갔다가 잃어버렸을 때인데 다행히도 내가 탔던 관용차 안에서 발견되어 국제우편으로 돌려

받았다. 감사합니다.) 그리고 시간이 흐르는 동안 몽블랑 펜과의 인연이 몇 개 더해졌다.

사진에 있는 두 개의 만년필은 작가로서 공식적으로 받은 물건이다. 하나는 김광섭 시인의 호를 딴 이산문학상 수상자에게 주어지는 부상이고, 다른 하나는 교보문고 빌딩에 걸리는 '광화문 글판'의 선정위원들이 임기를 마치며 받는 선물이다. 둘 다 내 이름이 각인돼 있다. (자랑스러운 마음에 나는 그것들을 삼대 안의 직계가족에게 '증여'하려 했음에도 딱히 원하는 사람이 없어 아직 서랍에 넣어두었는데, 설마 내 이름이 새겨져 그런 건 아니겠지……)

그 옆에 흰색 몸체에 우아한 금색 장식을 두른 두툼한 만년필은 셰익스피어 작가 에디션이다. 다른 두 개의 만년필에 각인된 내 이름과 어깨를 나란히(?) 하고 새겨진 것은 바로 셰익스피어의 사인. 출시 프로모션 때 그 만년필에 대한 글을 쓴 덕분에 홍보팀으로부터 받은 선물이다. 내가 저 화려한 셰익스피어 만년필에 잉크를 채워 글씨를 쓰는 경우는 딱 하나, 역시나 책에 사인을 할 때이다. 화려한 전과 때문에 집에서만 사용하지만 도서전 사인회 같은 특별한 날에 과감하게 '모시고'

나간 적도 있다. 사치스러운 물건을 사용하는 대가로 '그분'의 안위를 수시로 확인해야 하지만.

다음 사진에서 나의 사치품이 아닌 것은? 이 질문의 답은 형광펜이다. 사치품이 아니어서가 아니라 나의 것이 아니기 때문이다. 나의 가족인 K의 물건으로, 내가 외국의 공항 면세점에서 사서 선물한 것이다. 물론 나는 그에게 무려 몽블랑의 형광펜을 선물할 생각은 꿈에도 없었다. 탑승 마감이 얼마 남지 않은 시각에 선물을 사러 뛰다시피 면세점의 첫번째 가게인 문구점에 들어갔고, 가장 처음 눈에 들어오는 펜을 가리킨 뒤 카드를 건네주었을 뿐이었다. 나중에 영수증을 확인하고 소스라치게 놀랐지만 비행기는 이미 이륙한 뒤였다. 그리고 그때까지 포장상자 안에 든 것이 만년필이라고 굳게 믿고 있었다.

K에게 상자를 건넬 때 나는 이 선물로 만족시키지 못할 사람은 세상에 없을 거라고 내심 의기양양했다(이런 가격의 선물을 사는 일은 두 번 다시 없으리라). 그런데 펜의 뚜껑을 여는 순간 갑자기 눈앞이 허전해졌다. 펜에 만년필 펜촉이 없는 것이다. 대신 유치한 색깔의 뭉툭한 심이 비죽 비져나왔다. 이렇게나 유명한 브랜드에도 불량품이 있다니. 조금 뒤에야 형광

펜이란 걸 깨달았다. 아니, 누가 형광펜을 '품위 있는 광택이 나는 검은색'의, '고유의 엠블럼인 육각형 눈의 결정이 흰색으로 차갑게 빛나는' 고급 배럴 속에 담아놓아요……

놀라움과 뒤이은 분노가 조금 진정된 뒤 K가 웃으며 말했다. "볼펜이나 만년필도 아니고, 몽블랑 형광펜을 가진 사람이 얼마나 되겠어. 뚜껑을 열어서 보여주는 순간 다들 재밌어할 거야." 나는 그 사치품에 개그 기능이 있다는 게 큰 장점이라고는 생각하지 않았지만 첫번째 관객으로서 예의상 하하 웃어 보였다. 뭐야, 사치품에는 기능이 많구나, 하면서. 사치품에는 여러 기능이 있지만 그중에서 내가 자주 사용하는 것은 잃어버리는 기능일 거야, 라고 생각하면서 말이다.

그러고 보니 내 소설에서 몽블랑 만년필이 등장하는 대목이 또 있다. 무엇엔가 집착하는 걸 경계하는 주인공이 이렇게 말한다. "못 견딘다는 건 싫어.(……) 갖고 싶어 못 견디겠다, 먹고 싶어 못 견디겠다, 그리고 보고 싶어 못 견디겠다 따위." 그래서 아끼던 몽블랑 만년필을 잘못해서 화장실에 빠뜨렸고 어렵사리 꺼내긴 했지만, 그 과정에서 무언가에 집착하는 자신의 모습을 발견하고는 다시 그대로 버려버렸다나 뭐라나.

지금이라면 결코 그렇게 쓰지 않았을 것이다. 아예 갖고 나가지 않았을 테니까. 그리고 재래식 화장실에서 일어난 이야기는 잘 실감이 나지 않으니까. 사치품에 대해 쓰기 시작했는데 어쩌다 화장실 이야기로 끝나는 걸까. 이것이 바로 붓이 가는 대로 쓰여진다는 '수필隨筆'의 짓궂은 세계인 것인가……

+ ---

마지막에 인용된 소설은 나의 첫번째 소설집에 실렸다. 서두에 인용된 소설은 그로부터 20년 뒤에 나온 여섯번째 소설집에 실렸고. 두 소설 사이의 시간이 뚜렷이 보인다. '지금이라면 결코 그렇게 쓰지 않았을 것이다'라고 말하기 위해서 새 소설이 쓰어진다.

8 떠난
사람을
기억하는 일

●

 나는 4년 전에 지금 살고 있는 집으로 이사했다. 20여 년 만의 이사여서 옛집과 작별하는 데에 시간이 많이 걸렸다. 집안 구석구석 처박혀 있던 오래된 물건들이 그 집에서 살아낸 세월을 하나하나 떠오르게 했고, 버릴 물건과 아닌 물건을 가리다 보면 어느샌가 그 자리에 주저앉아 추억에 잠겨 있곤 했다. 정리가 마무리될 때쯤엔 으레 술상을 차려야 했다(이런 전개 매우 익숙함). 하지만 정든 집과 작별하는 일에 호들갑을 떨었던 마음이 무색할 만큼 새집에도 금방 적응했다. 그 무렵 엄마 생각을 많이 했다. 돌아가신 뒤로 가장 많이 떠올렸던 것 같다. 엄마가 와보지 못한 나의 집은 처음이었으니까.

 신문물에 관심이 많은 엄마는 아마 새집의 자동 환기 시스템과 엘리베이터 호출 버튼 같은 기능을 좋아했을 것이다. 어릴 때 우리집에는 유행을 앞서가는 물건들이 꽤 있었다. 쿠쿠나 코끼리 밥솥 이전에 주부들의 선망이었던 대만제 전기밥솥, 요리강습에서 구입한 미니 제빵기 등등. 모처럼 서울 나들이를 다녀온 엄마가 서울 사람들은 다 이렇게 하더라며 쓰레기통 안에 비닐봉지를 씌워놓고 흡족하게 바라보던 모습은 지금도 기억이 난다.

뭐든 주도하려고 하는 성격이라서 엄마는 분명 이사 온 집의 가구 배치나 새로 들이는 물건에 대해 참견하느라 나와 말다툼을 벌였을 것이다. 이따금 나의 집에 들를 때마다 엄마는 반드시 흔적을 남기곤 했다. 자고로 물건이란 보이는 곳에 걸어놓고 써야 편하다며 마트에서 커다란 접착 후크를 사와 집 안 곳곳에 열쇠와 행주 등을 줄줄이 걸어놓는가 하면, 발수건을 따로 써야 한다는 소신에 따라 상호나 단체명이 커다랗게 박힌 기념품 수건을 찾아내서는 나의 고급 바스타올 옆에 나란히 걸어두고 떠났던 것이다. 엄마를 배웅한 뒤 나는 투덜대며 그릇 위치를 제자리로 돌려놓고 주방 벽에 걸린 병따개와 청소 솔을 서랍 속으로 집어넣어야 했다.

하지만 이 모든 사소한 분란과 신경전에도 불구하고 엄마의 결론은 늘 정해져 있다. 네가 오죽 알아서 잘했겠냐, 이다. 새집에 와서도 옥신각신했겠지만 결국은 나를 믿어주었을 것이다. 결국은 다 잘했다며, 어릴 때부터 한 번도 실망시킨 적 없다며(결혼을 둘러싼 모종의 소란은 제쳐두신 듯), 맏딸에 대한 신뢰를 보내는 동시에 나를 그 명예와 멍에 안에 가두었을 것이다. 새집에서 나는 그런 회상의 방식으로 내내 엄마를 그리워했다.

집안에서만이 아니었다. 근처 공원을 산책하거나 동네 식당과 상가를 기웃거리면서도 엄마를 생각했다. 엄마가 좋아했을 음식, 엄마가 즐겼을 풍경, 엄마가 반겼을 대형마트와 극장 같은 주변 시설들. 눈썰미가 좋아 디테일을 놓치는 법이 없고 또 재치 있는 논평을 잘하는 엄마가 내게 던졌을 법한 말들을 떠올렸으며 그때의 의기양양한 엄마 표정을 상상했다.

그러면서 깨달은 게 있었다. 서울로 대학을 온 열아홉 살부터 엄마로부터 독립했다고 생각했지만 살아오는 동안 나는 줄곧 엄마를 의식하고 엄마의 범주 안에 있었다. 엄마가 돌아가신 뒤 새로운 장소나 여행지에 갈 때마다 그곳에 엄마가 있다면 분명 이랬을 거라고 떠올리게 되는 일. 그것은 엄마가 그 장소를 즐길 수 있으면 좋았을 텐데 혹은 내가 더 잘했더라면

하는 후회와 아쉬움만은 아니었다. 나를 믿어주었던 엄마가 더이상 내 곁에 없다는 상실의 실감이었다. 어느 시기부터 내 쪽에서 엄마를 챙기고 있다고 생각했지만 한편으로 나는 언제까지고 엄마에게 마음 한구석을 의지하고 있는 어린 딸이었던 것이다.

 오래전 나는 여성지에서 배우 박원숙씨와 대담을 한 적이 있다. 엄마가 좋아하는 배우였기 때문이었는데 예상대로 엄마는 내가 제법 유명한 사람이 된 모양이라고 기뻐했다. 엄마는 티브이 드라마는 물론이고 개그 프로그램, 연예인의 가십 모두 좋아했는데 나는 그런 엄마를 위해 영화제 시상식에 초대한 적이 있었다. 내가 그 상의 심사위원이었던 덕분이다(평생 단 한 번의 기회였다). 엄마를 모시고 그 자리에 함께 갔던 여동생의 말에 따르면 엄마는 그토록 좋아하는 많은 배우를 다 제쳐놓고 심사위원석에 있는 나를 보기 위해 계속해서 두리번거렸다 한다. 그 배우들보다는 그처럼 유명한 사람들 가운데에 끼어 앉은 나를 보고 싶은 거였다(그런 와중에도 볼 건 다 보았고, 정우성 배우가 단연 최고라 해서 끄덕끄덕……).

 문체부에서 주관하는 '예술가의 장한 어머니상'이란 게 있다. 장한 어머니라니, 네이밍만으로도 21세기에 좀 아니지 않나라는 생각이 들 만하다. 또 사람을 키우는 일은 부모가 함께 하는 일인데, 칭송함으로써 강요되는 모성이라는 개념 뒤에는 어떤 편견이 자리잡고 있는 것인지. 그런데 실제로 한 작가가 그 이유로 상을 거부했다는 이야기를 전해 듣고 깊이 공감하던 차에 나의 엄마에게 그 상을 주겠다는 연락이 왔다. 물론 고맙게 냉큼 받았다. 칠순의 엄마가 자신의 이름으로 받는 상. 그것은 내가 내 이름으로 받는 어떤 문학상보다 탐나는 상이었으므로 사회적 편견에 저항해야 한다는 소신 따위…… 쉽게 변절하고 말았던 것입니다. 얄팍한 작가라서 죄송합니다 (얼마 전부터 '예술가의 장한 어버이상'으로 바뀌었다고 하는데 여전히 좀 어색하게 느껴진다).

지방 도시에 혼자 살고 있던 엄마는 시상식 전날 흥분된 얼굴로 상경했다. 나는 모처럼 새 옷과 구두를 사드렸고 네일숍에도 함께 갔다. 손을 맡기며 엄마는 평생 스스로 해온 매니큐어를 전문가가 해준다는 점 때문이 아니라 누군가가 손을 잡아준 것이 너무 오랜만이라며 어색해했다. 시상식이 오전이라서 미용실에는 하루 전날 가야 했는데 자고 일어나면 머리가 다 헝클어질 거라고 하자 '엎드려 자면 된다'고 몇 번이나 강조했다.

그러나 다음날 대기실에 앉아 있는 엄마는 표정이 좋지 않았다. 그 상은 문학, 미술, 음악, 연극, 국악, 무용 등 여러 문화 분야에 주어지는 상이었고 수상자들은 모두 예술가인 자식들과 함께 참석했다. 리허설 때 소개 영상을 보며 알게 된 사실인데, 어머니나 예술가 본인 중에 장애를 가진 분이 여럿이었다. 수상자들이 자식을 뒷바라지한 사연 또한 역경을 이겨낸 에피소드 위주로 편집돼 있었다. 거기 비하면 엄마가 나를 '예술가'로 키운 데에 특별한 고생담 같은 건 없었다는 것이 엄마가 그 자리를 불편해한 이유였다.

내가 있어도 되는 자리냐, 라고 속삭이는 엄마에게 나는 말했다. 엄마, 작가가 되도록 나를 내버려뒀잖아. 그게 얼마나 큰 뒷바라지인데. 그러니까 내 말은…… 그때 어쩐지 목이 메었다. 작가한테는 반대도 방해도 하지 않고 가만히 혼자 두는 게 제일 큰 뒷바라지야, 라고 농담을 하려고 했는데.

나는 딸이라고 차별을 받은 기억이 없다. 내가 글을 깨우치자마자 엄마는 소년소녀 세계문학전집을 할부로 들여놓았다.

얼굴이 까만 시골 아이였던 나에게 레이스 깃이 달린 원피스를 입혀 도시에서 열리는 백일장 대회에 데려갔다. 내가 대학생일 때는 '서울에서는 개나 소나 다 신었다는 부츠를 우리 희경이만 없다'고 호소해 아빠에게서 얻어낸 돈을 부쳐주었다. 여자도 경제적 능력이 있어야 한다고 강조하며 대학원 진학을 누구보다 지지했다(실은 취직이 어려워서 대학원이라도 가야 했던 게 현실이지만……).

무엇보다 엄마는, 두 아이를 키우며 살림과 일에 지쳐 있던 내가 삼십대 중반에 소설을 써보겠다고 혼자 길 떠날 결심을 했을 때 '애들은 어쩌고'라든가 '아줌마가 이제 와서 뭘 하겠다고' 같은 말을 하지 않았다. 대신 아빠의 도움으로 얻은 리조트 방에 혼자 찾아와 내가 끼적거리고 있던 글을 읽어주었다(사투리를 살려서 쓴 그 문장을 엄마가 하도 어색하게 낭독하는 바람에 그때 이후 나는 소설에 표준어만 쓰고 있다). 그리고 어렵사리 신춘문예에 당선됐는데도 청탁이 전혀 없어 좌절한 내가 장편소설을 쓰기로 마음먹었을 때, 노인불교대학의 연줄을 이용해서 외딴 절에 방을 구해준 것도 엄마이다.

얼마 전 나는 모임에 나가서 술을 많이 마셨다. 팬데믹 이후 오랜만이어서 그랬는지 기분 좋은 모임은 아니었다. 익숙했던 사람들이 낯설고 나 혼자만 그들의 화제에 끼어들지 못하는 기분이었다. 제풀에 외로워져서 과음을 했던 것 같다. 집에 돌아와 혼자 몇 잔을 더 마시고 취한 채 잠들었다. 그런데 아침에 눈을 떠보니 내 손가락에 엄마의 유품인 반지가 끼워져 있었다. 술김에 그 반지를 찾아 끼고 잔 모양이었다. 외롭다고 엄마를 찾다니 퇴행적인 인간 같으니라고……

그 반지는 처음이자 마지막으로 부부동반 외국 여행을 갔을 때 아빠가 선물한 것이다. 해외여행 자유화가 시행된 첫해였으니 얼마나 오래된 물건인지 알 수 있다. 금은방에 가져가 세척을 해봤지만 낡은 느낌이 지워지지 않는다. 그만큼 엄마가 많이 끼었던 반지이기도 하다. 링의 절단 부분은 손가락이 잘 붓는 엄마가 크기를 조절하기 위해 고심했던 흔적이다. 아빠가 돌아가신 뒤 아끼던 패물을 다 팔아 썼지만 그 반지만은 끝까지 갖고 있어서 유품이 되었다.

손이 예쁘다고 자랑하곤 했던 엄마와 달리 나는 손이 투박한 한편으로 손가락이 잘 붓는 엄마의 체질은 또 물려받은 터라 반지를 끼지 않는다. 그러나 그 반지는 가끔 낀다. 주로 잠들기 전에. 잠이 안 올 때, 더 강해지고 싶은 때, 외로움 따위는 인간의 천분이라고 나를 설득하면서.

쿤데라의 「잃어버린 편지들」이란 소설의 시작 부분을 한때 좋아했었다. 체코의 공산당 당수 고트발트가 프라하 광장에서 역사적인 연설을 하던 날은 몹시 추운 날이었다. 곁에 서 있던 자상한 동지 클레멘티스가 자신의 모자를 벗어 고트발트에게 씌워주었다. 그 모자를 쓴 고트발트의 사진은 수십만 장 찍혀서 교과서에 실리고 박물관에 전시되었다.

몇 년 뒤 클레멘티스는 반역자로 고발돼 교수형에 처해졌다. 당의 선전부는 그를 기록에서 삭제하기 위해 모든 사진에서 그를 지워버렸다. 클레멘티스라는 존재는 공식적으로 영구히 사라졌고, 남아 있는 것은 고트발트 머리 위에 얹혀진 그의 모자뿐이다. 이데올로기에 대한 쿤데라식의 아이러니이다. 그리고 아마 죽은 사람이 기억되는 가장 기이한 방식 중 하나일 것 같다.

죽은 사람은 무엇으로 기억될까. 내가 쓴 소설에도 그런 장면들이 있다. 머리를 빗다가 문득 브러시에서 죽은 남편의 머리카락을 발견하고 그것을 빼내 손가락에 말아보는 아내. 외국여행에서 엽서를 보냈는데 그사이 수신인인 남자가 죽은 걸 알고 그 엽서를 되찾기 위해 우체국에 전화를 거는 여자. 아버지의 장례를 치른 뒤 신발장에서 발견한 아버지의 새 운동화를 신어보며 어쩐지 발에 잘 맞는다고 생각하는 남자. 하지만 이제는 떠나간 사람을 기억하는 일을 슬프게 쓰고 싶지 않다. 반지를 끼고 잠드는 날의 생각이다.

- 사진 속에서 반지가 올려져 있는 인쇄물은 내 부모의 청첩장이다. 맨 뒤에 적혀 있는 '동영부인'이란 말은 부부동반을 뜻한다. 단기 4291년 2월(나는 왜 내 생일을 계산해 날짜를 맞춰보고 있는 거지?).
- 엄마는 내가 글을 쓰고 있던 리조트에 불쑥 찾아왔지만, 프런트에서 미리 전화를 거는 절차를 거친 뒤에야 방문을 두드렸다. 세속적 상상을 하신 건지 교양이 있으신 건지. 어쨌든 나와 함께 하루를 보낸 뒤 다음 날 읍내의 시외버스터미널에 내려주었을 때 엄마의 모습은 자유롭긴 했지만 어쩔 수 없이 쓸쓸해 보였다. 30여 년 전, 환갑이 지난 나이에 손가방 하나를 들고 혼자 여행을 떠났던 엄마. 다음해 신춘문예에 당선된 나의 소설 「이중주」가 부조리한 관습으로부터 자유롭지 못한 엄마 정순과 딸 인혜의 삶을 다루었던 건 우연이 아닐 것이다. 그 소설이 당선된 뒤 어떤 선생님은 독해에 방해가 된다며 '정순'이라는 이름을 그냥 '어머니'로 바꾸라고 충고했지만 나는 따르지 않았다. 나에게 그 소설은 일반명사 어머니가 아닌 개인 정순의 이야기였던 것이다.
- 나의 첫 장편소설 주인공은 세상을 다 알아버렸기 때문에 성장할 필요가 없다고 선언하는 열두 살 소녀이다. 그런데 프롤로그와 에필로그에 그 소녀가 자라서 이른바 '분방한 남성편력'을 가진 삼십대 여성으로 등장한다. 이번에도 어떤 선생님들이 그 부분을 빼라고 충고했다. 영리한 소녀에 대한 호감이 실망으로 바뀐다는 거였다. 그때 역시 나는 충고를 따르지 않았는데, 그냥 그러고 싶어서였다. 이유를 설명하기는 어려웠다. 문학평론가 신형철의 『슬픔을 공부하는 슬픔』을 읽으면서 그제야 거기 대한 적절한 대답이 떠올랐다. 그러니까 문학이 우리에게 말하려는 것은 말이죠…… 이하 생략.

9 목걸이의

캐릭터

지난 연휴에 나의 9년 된 노트북이 갑자기 먹통이 되었다. 아무리 자판을 두드려도 모니터에 글자가 나타나지 않았다. 마감이 바로 다음날인데 원고를 쓰던 파일조차 열 수가 없는 상황. 그것도 서비스센터가 문을 닫은 휴일에 말이다. 하는 수 없이 K의 컴퓨터 앞에 앉아서 드롭박스를 열어 파일을 불러온 뒤 원고를 이어서 썼다. 자판과 모니터가 다 낯선 탓에 문장이 잘 떠오르지 않았지만 짧은 글이라서 가까스로 마감은 할 수 있었다.

그나마도 예전에는 가능하지 않았던 일이다. 애써 써놓은 글이(확인할 수 없으니 더욱 걸작이 분명해 보이는!) 날아가버린 걸 알고 외마디 비명과 함께 패닉에 빠졌던 순간이 얼마나 많았던가. 한가닥 희망을 품은 채 좀비 상태로 용산의 전자상가를 헤맸던 적도 여러 번. 그때는 천재지변이 일어났을 때 제일 먼저 무엇을 챙겨 나오겠습니까?라고 누군가 묻는다면 나의 대답은 당연히 노트북이었다(원고가 클라우드에 저장돼 있는 지금도 남의 도구로 작업을 해본 결과 그 생각은 변함없지만).

그런데 화가들의 경우 그런 일이 닥치면 어떻게 할까. 그리던 그림을 '피신'시키기는 쉽지 않은 일인데다가, 그림이란 소실되면 그동안의 작업이 영원히 사라져버리는 단 한 개의 물건이 아닌가. 완성품은 더하다. 몇천 부, 몇만 부씩 찍어서 대체가 가능한 책과는 다르다(게다가 e북은 잃어버리기도 쉽지 않다). 그림을 사진으로 찍어놓았다 해도 자료에 지나지 않을 테고 보험 역시 극히 부분적인 위로만 될 듯하다.

미술평론가 박영택의 『예술가로 산다는 것』은 '숨어사는 예술가들의 작업실 기행'이란 부제에서 알 수 있듯이 미술 작가들의 작업 모습을 담고 있다. 나는 특히 김명숙 화가의 표지 그림에 매료되었는데, 그가 폐교된 시골 초등학교로 출퇴근하며 그리는 그림은 이렇게 묘사된다. "두려움에 시달리며 제 몸과 정신을 갉아대며 그린 그런 그림이라 그 정신과 노동과 결사적인 몸부림을 받아내야만 하는 종이는 자신의 속살을 드러내 보이며 작가의 고통을 함께 나누고 있었다." 나는 그 구절을 여러 번 읽었다. 시간이 지날수록 낡아가고 또 언젠가는 소멸될 수도 있는 종이 한 장. 그 위에 자신의 전 세계를 옮겨놓는다는 것. 어떤 위태롭고 아름다운 경지를 본 느낌이었다.

언젠가 한 화가의 산문에서 아끼던 작품이 내심 팔리지 않기를 바란다는 내용을 읽은 적이 있다. 다시는 그 그림을 볼 수 없어서라고 한다. 그래서 기관에서 구입해 공공장소에 걸리게 되기를 바란다는 거였다. 내가 내 작품을 영영 볼 수가 없다…… 집안 곳곳에 내가 쓴 책이 하찮게 굴러다니는 나 같은 작가는 그 심정을 상상만 해볼 수 있을 뿐이다.

가까스로 원고를 보낸 뒤 콧노래를 부르며 외출 준비를 하던 내가 왜 이런 생각을 하게 된 것일까. 목걸이를 목에 걸면서 그것을 내게 주었던 화가가 생각났기 때문이다. 그리고 그의 작업실에 큰 불이 났던 일. 딱 한 번 만났고 가까운 사이는 아니라서 얼마나 피해를 입었는지 자세히 모르지만 소식을 전해 듣고 나까지 눈앞이 캄캄해졌었다.

그 화가가 내게 목걸이를 주었던 건 10여 년 전의 일이다. 친구의 차를 얻어타고 어느 미술가의 시골 작업실에 놀러갔다가 조촐한 술자리에 끼게 되었는데 거기에 그가 있었다. 수수

한 차림새에 독특한 분위기가 풍겨나오는 젊은 여성이었다. 그날 나는 모처럼의 나들이에 맞춰 꽤 멋을 부렸고 목에는 기내 면세점에서 산 붉은색 하트 목걸이를 하고 있었다. 그와 나는 초면인데도 농담을 주고받으며 자주 술잔을 부딪쳤다. 취기 탓도 있지만 아마 인사치레 따위 가볍게 무시하는 그의 시원스러운 화법 덕분이었을 것이다.

그는 내 목걸이에 대해서도 직설법으로 말했다. "작가가 목걸이가 그게 뭐예요." "네?" "그런 건 당장 갖다버려요." "아, 네." 기세에 눌린 나는 얼떨결에 목걸이를 뺐는데 다음 순간 그가 자신이 걸고 있던 목걸이를 풀더니 내 목에 걸어주었다. 그러고 이렇게 덧붙였다. "그거 내가 만든 거예요." "네에? 아니, 저기, 이러시면……" 그러면서 취한 척 친한 척 그 귀한 창작물을 내가 탈취해왔다는 얘기이다(붉은색 하트 목걸이도 잘 챙겨와서 계속 걸고 다녔고……).

그가 준 목걸이는 내가 좋아하는 밝은 빨강이고 한눈에도 수작업의 섬세함이 느껴진다. 작고 둥근 돌에 그어진 검은 선들은 화가의 짧은 붓터치처럼 독특함을 품고 있다. 흰옷에는 포인트를 주고 무늬 옷에 걸면 약간 캐주얼해 보인다. 그 목걸이를 걸면서 나는 이따금 화가의 안부가 궁금해진다. 그리고 생각한다. 작가가 목걸이가 그게 뭐예요, 그 말은 무슨 뜻이었을까. 작가라면 유리 말고 보석을 걸어야죠, 의 뜻은 물론 아닐 것이다. 그렇다면, 작가치고 취향이 형편없군요, 였을까. 혹시 수명의 한계를 갖고 있는 실물 종이 한 장에 '정신과 노동과 결사적인 몸부림을 담는' 화가로서, 소비자 대중으로서의 나의 상투적인 선택이 눈에 거슬렸던 것은 아닐까. 알 수 없다. 다만 세상에 하나뿐인 물건의 아우라라고나 할까, 그가 만든 목걸이가 목에 닿을 때 불현듯 진품(?)의 진심을 느끼게 되는 건 사실이다.

또하나 내가 즐겨 목에 거는 액세서리가 있는데 그건 사실 목걸이가 아니다. 색실에 비즈를 섞어 엮은 끈 팔찌이다. 손목에 여러 겹으로 감게 돼 있는 긴 끈을 목걸이로 사용해본 것이다. 지구 반대쪽 페루, 그중에도 쿠스코에서 산 기념품이다. 왜 혼자 거기까지 갔냐고 묻는다면 나는 짐짓 대수롭지 않은 표정으로 마추픽추로 가기 위해서라고 대답할지도 모른다. 영국 여행사의 상품인 잉카 트레일의 출발점이 그곳이었다고, 1개 국어 구사자이지만 외국인 여섯 명과 한 팀이었다고 은근히 대견해하면서 말이다.

그러나 실은 그때 나는 리마공항에서 비행기가 결항하는 바람에 혼비백산했고 가까스로 쿠스코에 도착해 허름한 숙소에 짐을 풀었지만 가이드의 영어 설명을 잘 알아듣지 못한 터라 내가 파악한 일정이 맞는지 불안에 떨고 있었다. 한국과의 시차가 열두 시간이나 되는 해발 3,300미터의 고대도시 숙소에서 문자로 친구 어머니의 부음을 들었는가 하면 아이의 등록금 납부 기한이 닥쳤다는 통보를 받았었다. 또 그곳 골목을 돌아다니다가 가장 비싸고 세련된 기념품점이 일본 가게라는 것, 길가의 라마를 만지려면 돈을 내야 한다는 것(당연한 일이다) 등등 새로운 사실들을 알게 되어 약간 얼뜨기가 된 기분이었다.

목걸이를 걸 때마다 그런 일들을 일일이 떠올리는 건 물론 아니다. 하지만 어떤 물건과 만나게 된 사연은 그 물건에 일종의 캐릭터를 부여한다. 하나는 예술가의 태도와 노동을 떠올리게 하는가 하면 또다른 하나는 오십대의 내가 혼자서 외국인들의 패키지 여행에 끼어 캠핑을 하며 잉카의 길을 걸어서 마침내 마추픽추에 도착해 요가 동작으로 장난스러운 사진을 찍고 현지 가이드의 권유에 따라 주문한 이름 모를 고급요리가 뜻밖의 재료로 만든 거라서 토할 뻔하고 또 작별을 아쉬워하며 일행에게 명함을 건넸지만 막상 그들에게서 이메일이 왔을 때 영작에 자신이 없어 답장을 하지 않았다는 기억을 총 집합시킨 그런 어떤 캐릭터를 갖고 있다……

나의 물건이지만 모든 사물을 대하는 나의 마음이 다 똑같지는 않다. 실수로 물건을 떨어뜨렸을 때에 아끼는 물건일수록 자기도 모르게 소리가 더 크게 터져나오는 것만 봐도 알 수 있다. 그런 마음을 일일이 의식하지 않고 직관적으로 대하는 것뿐, 머리와 가슴속에는 사물 각자의 캐릭터가 입력되어 있어 사물에 따라 미세하게 다르게 반응하는 것이다.

역시 인간은 단순한 존재가 아니다. 복잡한 존재이다. 그러므로 스스로 그것을 의식하는 한 누구나 섬세함이라는 상식을 가질 수 있다고 생각한다. 타인 역시 나와 마찬가지로 복잡한 존재이므로 나의 틀 안에서 함부로 해석해서는 안 되는 것이다. 나는 단 하나의 물건을 만드는 예술가는 못 되지만 문학이 우리에게 주려는 것, 인간이 가진 단 하나의 고유성을 지켜주도록 돕는다는 생각으로 글을 쓰고 싶다, 는 생각을 해본다.

생략돼 있는 것 같지만 문제의 해답은 늘 다음 장에 나와 있다고 합니다.

10 소년과 악의 가면

●

 2010년 멕시코의 과달라하라 도서전에 참가하는 내 머릿속은 오직 한국 문학을 해외에 소개하겠다는 사명감으로 가득차 있었다, 고는 할 수 없다. 본고장의 데킬라와 밤의 광장에서 펼쳐지는 마리아치 공연이라는 잿밥 욕심도 조금(?) 있었다. 그런데 나와 함께 그 도서전에 참가한 작가 C에게는 다른 관심사가 있었으니 루차 리브레, 바로 프로레슬링이었다. 그 덕분에 나는 프로레슬링 경기를 직관했고 내가 전혀 모르던 세계의 뜨거움을 경험했으며 또 이따금 가면을 쓰고 거울 속의 나를 바라보는 이상한(?) 사람이 되었다.

 물론 나는 '평소에 열심히 살아두는 게 나의 취재'라고 말하고 다니는 소설가답게 경기장에서 경기만 본 것은 아니었다. 화려한 가면에 망토를 걸친 선수들이 등장할 때 터져나오는 음악과 함성. 그리고 라운드가 끝날 때마다 캣워크 위로 줄 지어 나와 포즈를 취해주는 라운드 걸들의 모습은 저녁밥을 배불리 먹은 귀여운 여동생들 같았고.

일층과 이층 관람석의 관중들이 교대로 일어나서 일사불란하게 구호를 외치길래 응원인 줄 알았더니 '돈이 없어 이층석을 산 한심한 놈' '엄마 품에서 응석이나 부릴 나약한 놈'이라며 서로를 야유하는 거라고 한다(통역하는 분도 정확히는 모른다고 했지만). 관중석에는 남녀 불문 레슬링 가면을 쓴 사람이 많았고 레슬링복에 망토까지 갖춰 입은 꼬마들도 적지 않았다.

경기장의 분위기는 금방 달아올랐다. 상대의 목을 조르고 다리를 꺾고 몸 위로 뛰어내리는 장면이 펼쳐지면 함성은 더욱 높아만 갔다. 그러나 나는 공포 영화를 볼 때처럼 일부러 허공에다 초점을 맞춰 흐린 눈으로 그 장면을 보았음을 고백한다. 많은 부분이 기획된 '쇼'일 거라고 짐작하면서도 '저 사람 저러다가 죽는 거 아닐까' 싶은 순간에는 어쩔 수 없이 고개를 슬쩍 돌려야 했다.

그러다가 캣워크 쪽에 붙어 서서 팔을 휘둘러가며 열심히 소리를 지르는 꼬마들을 보았다. 모두 자기가 응원하는 선수와 똑같은 가면과 망토 차림이었다. 자기 선수가 상대를 거칠게 다룰수록 그애들의 앳된 응원의 목소리는 한층 커졌다.

 나는 그중에 가장 작은 소년만 우두커니 선 채로 시무룩하게 서 있는 걸 발견했다. 그 이유는 C가 알려주었다. 그애가 쓰고 있는 가면은 '악역' 선수의 마스크인데 악역은 언제나 지게 돼 있다는 거였다. 프로레슬링은 각본에 의해 진행되며, 대치하고 도발하고 기술을 사용하는 순서는 물론이고 승패도 미리 정해져 있다는 설명이 이어졌다.

 선역과 악역으로 나뉘어서 한쪽은 환호와 승리를 얻고 한쪽은 야유를 받으며 패배하는 드라마. 경기에서 지면 마스크가 벗겨지고, '살인자' '미치광이' '도끼날' 같은 무시무시한 가명 대신 본명과 고향이 호명된다나(태생의 신분으로 돌아가는 게 굴욕이 돼버리는 가면 엔터테이너의 세계란!). 또 마스크를 뺏긴 선수는 다음 경기에 맨얼굴로 출전해야 한다고 한다.

 그때까지 내가 프로레슬링에 대해 아는 것이라고는 어린 시절 『소년중앙』의 별책부록이었던 '타이거 마스크' 만화, 김일 선수의 영웅담, 영화 〈반칙왕〉, 그리고 C의 소설 속 인물 정도였다. 그의 설명에 그저 고개를 끄덕끄덕하고 있는 사이 경기가 끝났다. 거친 야유와 욕설 속에 '악역' 선수가 어깨를 움츠린 채 무대에서 내려오고 있었다. '문학이란 성공담이 아닌 실패의 서사'라고 알고 있는 소설가답게 또 나는 그 예정된 실패의 운명을 온몸으로 받아내며 사라지는 패자의 모습에서 눈길을 뗄 수가 없었다.

경기장을 나오던 나는 문밖에서 그 악역 선수의 모습을 한 번 더 보게 되었다. 반벌거숭이로 온몸의 근육을 과시하며 괴성을 내지르던 무시무시한 프로레슬러였던 그는 회사원처럼 평범한 셔츠에 바지 차림이었다. 무대의상(?)이 들었을 캐리어를 끌며 퇴근하는 중이었다. 처음에 나는 그가 조금 전 경기를 치른 선수 중 하나일 거라고만 짐작했다. 눈에 띄는 다부진 체격, 그리고 그 장소에서 가면을 쓴 사람은 흔했지만 캐리어를 끄는 사람은 없었던 것이다. 그때 뒤쪽에서 망토를 휘날리며 작은 소년이 달려와 수첩을 내밀지 않았다면 그가 악역 선수라는 것까지는 몰랐을 것이다.

수첩과 펜을 받아든 선수는 잠시 소년과 눈을 마주치더니 이름을 묻는 듯했다. 그런 다음 팔꿈치를 움직이며 천천히 사인을 했다. 그동안 소년은 두 발을 모으고 정중한 자세로 선수 앞에 서 있었다. 선수가 수첩을 돌려준 뒤 소년에게 악수를 청하는 장면, 다시 캐리어를 끌고 떠나며 한 손을 들어 보이는 장면, 떠나가는 선수의 뒷모습을 한참 동안 바라보다가 망토를 날리며 경기장 문을 향해 뛰어가는 소년의 뒷모습. 이 모두는 가면을 쓴 채로 일어난 일이었고 나는 그들의 표정을 볼 수 없었다. 그래서 무언극이나 그림자 연극처럼 내 몫의 상상을 보태게 되었다.

저 소년은 어쩌다 악의 선수를 흠모하게 되었을까. 그것은 악이 아니라 패배를 흠모하는 걸 수도 있는데. 언제나 악이 패배하는 세계라니, 분명 현실과는 거리가 있다. 어쩌면 프로레슬링이란 현실에서 실패한 선한 약자들이, 악을 물리치는 극본을 통해 카타르시스를 얻는 시뮬레이션의 세계가 아닐까. 하지만 그 세계를 움직이는 돈의 규모를 생각하면 그런 생각은 순진한 잡념일 것이다. 오히려 강한 것이 선이 되어버리는 도착倒錯된 이데올로기의 전시장이 되어버릴 수도 있다.

그런 진지한 잡념은 짧게 끝났다. 경기장 근처의 상점에 들어서자 나는 즉시 쇼핑에 마음을 빼앗겨버렸다. 선물로 주면 재미있어할 친구들이 떠올라 화려한 레슬러 가면도 여러 장샀고, 가면 문양이 새겨진 귀고리를 색깔별로 사기도 했다. 그런데 그 선물들은 그다지 인기가 없었다. 나 역시도 쓸 일이 없는 그 레슬러 가면을 서랍장 깊숙이 넣어두어야 했다.

나는 친구들과의 연말 모임 같은 데에서 콧수염을 달고 사진을 찍는다거나 함께 여행할 때 똑같은 머리띠를 하고 다니는 등 유치한 이벤트를 은근히 좋아한다. 원로 작가들이 많이 참석한 어느 출판사의 송년회 단상에서 빨간 뿔이 달린 붉은 악마 머리띠를 한 채로 건배 제의를 해본 적도 있다(후회한다).

그럼에도 레슬링 가면을 집밖의 장소에서 써볼 엄두는 나지 않았다. 그 행위는 만 5세까지만 허용된다는 법이 찾아보면 있을지도 모른다. 친구들과의 사적인 모임에서 써보고 싶었지만 가면에 입이 뚫려 있지 않아 그걸 쓴 채로는 술을 마실 수가 없으니 그 또한 곤란했다. 코스프레할 일도 없고. 그래도 버릴 수는 없었다. 그 가면과 망토를 입은 소년, 그리고 캐리어를 세워놓고 수첩에 사인을 하고 있는 회사원 같았던 레슬러의 모습이 여전히 내 마음에 남아 있기 때문이다.

나는 종종 원고 마감을 하고 난 뒤 편의점에 간다. 몸에 기력은 남아 있지 않고 머리는 더이상 생각하기를 거부하고 그럼에도 기분만은 높이 떠올라 있는 상태. 그땐 무조건 컵라면에 캔맥주인 거다(이 조합은 1년에 몇 번뿐인 나의 길티 플레저). 그러고는 OTT 서비스에 접속한다. 예술작품, 다큐멘터리, 형사물은 다 사양한다. 무조건 쉽고 따뜻한 내용에, 예쁘거나 재미있는 배우가 나오는 이야기로.

얼마 전 마감을 한 뒤에는 잭 블랙이 가톨릭 신부로 출연한 코미디 〈나초 리브레〉를 보았다(싸움을 뜻하는 '루차'가 아니라 바삭바삭 맛있는 나초!). 부엌 담당인 세르지오 신부가 보육원 아이들의 식비를 벌기 위해 가면으로 신분을 숨기고 레슬링 경기에 나가서 사람들을 마구 때려눕히는 이야기이다. 영화를 다 본 뒤 나는 서랍장 깊숙이에서 나의 가면을 꺼낸 다음……(길티 플레저가 아니므로 여기까지)

당연한 말이지만 과달라하라 도서전이 내게 남긴 것은 그것만이 아니다. 멕시코 도서전에 축사를 하러 온 스페인 여성 문화장관, 단상을 지키던 정복 차림의 여성 경호원들, 이래서 이 나라의 벽화가 그렇게 멋지구나 하고 깨닫게 했던 밝고 뜨거운 햇빛 아래의 긴 벽들, 도서전 내내 참가자들에게 무료로 개방되었던 클럽의 음악과 취기, 내 강연에 참석한 공립고등학교 학생들이 긴 줄을 섰다가 한 사람씩 다가와 건네주었던 감동적인 뺨인사. 그리고 이런 문장.

 "잔디밭에 떨어진 커다란 삼나무 그림자가 마치 검은색 레이스 탁자보를 펼친 것처럼 섬세하고 화려했다. 오후가 되면서 그림자는 모양과 색깔이 조금씩 변해갔으며 바람이 나뭇가지를 흔들 때마다 순차적으로 부드럽게 물결쳤다. 잔디밭에 빛이 사선으로 들기 시작했다. 한때의 찬란함은 조금씩 기울어가고 있었다."

 이것은 내 소설의 한 단락이다. 유학생 남편을 공부시키기 위해 교외의 외딴 저택에서 가정부로 일하는 여성이 어느 주말 창가에 앉아 몇 시간째 잔디밭을 내다보며 데리러 오지 않는 남편을 기다리는 장면이다. 소설 속 장소는 미국의 서부 도시이지만 나는 저 장면을 멕시코 데킬라 농장의 커다란 나무 그늘을 떠올리며 썼다. 허연의 시 「일요일」에서처럼 이제부터는 쓸쓸할 줄 뻔히 알고 살아야 하는 삶과, 남의 나라에서 태어난 포로처럼 현실에 묵묵히 부역하지만 실패할 수밖에 없는 운명을 지닌 사람들을 위로하는 마음으로. 그리고 악역을 사랑하게 된 멕시코 소년의 순정을 떠올리며.

11 솥밥주의자의
다이어트

●

 나는 체구가 작아서인지 몸무게가 조금만 늘어도 둔함을 느낀다. 사실은 대체로 좀 둔한 상태인 것 같다. 이쯤 되면 몸무게가 는 것이 아니라 그것이 그냥 내 몸무게일 텐데, 그런 식으로 기정사실화하면 매사에 개선의 의지 없이 안이해질지 모른다는 의심 때문에 크게 기준을 바꾸지 못하고 있다. 내가 살아온 결코 짧지 않았던 시간중에, 스스로 내 몸을 가볍게 느낀 시기는 세 번 정도이다.

 한번은 수영을 배웠을 때. 두 달 가까이 열심히 발차기를 했음에도 물에 뜨지 못해 결국 포기하고 말았는데, 그 대신 어느새인가 옆구리 살이 빠져 있었다. 뜻밖의 이득. 그 무렵은 장편소설을 쓰려고 작가 레지던스 시설에 들어가 규칙적인 생활로 '몸 만들기'를 할 때였다. 매일 시디를 재생해서 '옥주현 요가'를 따라 한 덕분이기도 할 것이다.

또 한번은 한 달간의 유럽 배낭여행(실제로는 캐리어를 끌고 다녔지만) 때였다. 물가도 비싼데다 성인 4인 가족의 경비를 감당해야 하니 여유로운 여행은 할 수 없었다. 민박에 소박한 식사를 하고 지겨울 만큼 많이 걸었다. 거기에 더해 며칠에 한 번씩은 달리기를 했다. '걷는 것은 느리고 차를 타는 것은 너무 빠르며 뛰는 것이야말로 뭔가를 보기에 가장 적당한 속도'라는 무라카미 하루키의 제안대로 베르사이유 궁전, 구엘 공원, 에펠탑 같은 곳을 운동복을 입고 뛰면서 구경했었다(어느 관광지에나 조깅하는 사람은 반드시 있었다. 그리고 서운한 마음에 고자질을 해보자면, 그런 사람을 손가락으로 가리키며 웃는 건 한국 관광객들). 그때에도 한국에 돌아왔더니 몸이 약간 길쭉해졌다는 소리를 들었다.

세번째는 작정하고 다이어트를 했을 때이다. 가족들과 시애틀에서 생활하던 무렵인데 그곳 음식이 하루가 다르게 살을 찌우자 모두 다이어트를 해보기로 했다. 그래서 시작한 것이 황제 다이어트라고도 불리는 앳킨스 다이어트. ①몸속에서 남아도는 탄수화물은 지방으로 바뀌어 저장된다. ②지방은 탄수화물 없이는 저장되지 않는다. 앳킨스 박사가 이 두 가지 사실에서 착안한, 지방은 마음껏 먹되 탄수화물을 함께 먹지 않는 다이어트 방법이었다.

그즈음 나는 마빈 해리스의 『작은 인간』을 읽고 있었다. 그 책에는 고대 인류가 혹독한 굶주림을 겪는 과정에서 지방을 저장해두려는 시스템이 몸속에 프로그래밍되었다는 내용이 나온다. 과장되게 뚱뚱한 모습으로 만들어진 2만 년 전 '빌렌도르프 비너스' 석상에서 짐작할 수 있듯이, 굶주림의 세상에서는 지방을 풍요롭게 저장해놓은 몸이 아름다움의 상징이었다.

얼마 뒤에 나는 앳킨스 다이어트와 『작은 인간』을 연결시켜 소설 한 편을 썼다. 자신이 아버지의 마음에 안 들어서 버림받았다고 생각하는 사생아 남자가 아버지의 입원 소식을 듣고 만남에 대비해 다이어트를 시작하는 이야기이다. "다이어트가 어려운 것은 몸속에 장착된 수백만 년이나 된 생존본능 시스템과 싸워야 하기 때문이다." 이 문장은 자신을 버린 아버지에게서 물려받은 DNA에 대항하고자 하는 마음이기도 하다.

그 소설이 번역돼 파리에서 독자와의 만남 행사를 가졌다. 멋지게 차려입은 프랑스 할머니가 손을 들고 질문했다. 왜 이 남자는 살을 빼려고 하죠? 뚱뚱한 게 얼마나 아름다운데. 나는 이 소설은 비만에 대한 이야기가 아니라 버림받은 사생아가 아버지에게서 물려받은 자신의 몸에 반발하는 한편으로 사랑과 아름다움을 갈망하는 이야기라고 설명하려 했다. 하지만 그분은 계속해서 내가 비만을 부정적으로 썼다고 주장했다. 주인공이 다이어트를 결심한 계기가 사회적 편견에 동의하는 것이 아니라는 뜻에서 "나를 바꿀 수 있는 것은 일반적인 다수가 아니라 나에게 중요한 어떤 사람들이다"라는 문장까지 써놓았는데…… 진땀이 났다.

또 이런 일도 있었다. 그 소설은 주인공이 어린 시절 아버지와 함께 갔던 고급 식당을 회상하는 장면으로 시작한다. 그런데 이태리 식당이었다. 이태리 식당이 고급이라니, 거긴 겨우 피자일 텐데요, 라고 반문하던 한 프랑스 학생의 웃음 섞인 표정. 그 학생은 프랑스 요리에 대한 자부심에서 그런 말을 했을 텐데 그때만 해도 나는 한국에서 프렌치 식당에는 가본 적이 없었다. 내가 고급 식당에 대해 무지했나…… 식은땀이 흘렀다.

어쨌든 그 소설을 쓴 이후 나는 탄수화물, 특히 밥과 거리를 두기 시작해서(반찬들과는 더욱 가까워졌고) 반 공기만 먹게 되었다. 글이란 때로 엉뚱한 데에 힘을 발휘한다. 다이어트를 시도한 것에 그치지 않고 그 경험을 글로 남겼더니 그것을 따르는 태도가 어떤 정언처럼 머릿속에 새겨져버린 것이다(자신이 취하고 싶은 것만 남긴다는 함정이 있지만).

밥을 적게 먹다보면 종종 함께 식사하는 사람들에게 잔소리를 듣는다. 곡물은 인류가 가장 오래 먹어온 양식인만큼 우리 몸에 가장 이상적인 식품이다, 신토불이를 잊지 마라, 사람은 밥심으로 산다…… 이런 말들은 내가 밥 숟가락을 놓는 데에 별다른 영향을 끼치지 않는다. 하지만 참을 수 없는 것이 있으니 바로 솥밥의 유혹이다.

뚜껑을 열었을 때 얼굴에 끼쳐오는 따뜻한 김과 갓 지은 밥의 구수한 냄새. 주걱에 닿는 차지고 부드러운 양감. 그리고 자작하게 부은 물 속에서 솥의 남은 열로 부드럽게 풀어지는 누룽지. 전복이나 장어를 얹은 솥밥도 좋지만 나는 버섯과 나물, 은행, 대추채가 들어간 솥밥에 더욱 마음이 끌린다. 더운 여름에도 내 선택은 덮밥보다는 솥밥 쪽이다.

그걸 꼭 나이가 들어서 그렇다고 특정해주는 친구가 있지만, 아니거든요. 저는 어릴 때부터 따뜻한 음식을 좋아했어요.

더운 날 학교에서 돌아와, 엄마가 막 끓인 보리차를 식히려고 부엌의 타일 바닥에 내려놓은 주전자에서 조심조심 물을 따라 그 따뜻한 컵을 손에 쥐는 순간이 지금도 기억나고요. 땡볕 아래에서 걷는 걸 좋아해 여름 방학이 끝날 때마다 새까만 꼬마가 되어 있었다구요. 그러고 보니 그 친구는 카페에서 늘 따뜻한 아메리카노를 주문하는 나를 취향이 없다며 놀리곤 하는데, 우유도 싫고, 얼음도 싫고, 향도 싫고, 단 음료도 싫은 게 내 취향인데 어쩔…… 이하 유행어 생략. 사주면 다 잘 먹습니다……

얼마 전부터는 집에서 솥밥을 지어 먹기 시작했다. 주로 건나물을 불려 넣고 잡곡밥을 지어서, 쯔유를 섞고 양파를 많이 다져넣은 양념장과 들기름에 비벼 먹는다. 뽕잎나물, 곤드레나물, 취나물, 쑥부쟁이 나물밥 재료를 주문해 선반에 쟁여놓으면 그렇게 흐뭇할 수가 없다. 그리고 이따금 사진을 찍어 단톡방에 올리는데 거기에는 친구들에게 솥을 영업하려는 속셈도 있다.

나는 주로 인터넷으로 물건을 사고 장을 본다. 대개는 아침의 침대에서 하는 쇼핑이다. 타이머 탁상시계, 무알코올 맥주,

청소 건gun, 드립백 체어, 생분해 종이 물티슈, 페이스트리 오징어, 리필용 염화칼슘, 긴급 구출 햇양파, 농사 겸용 레인부츠, 코튼 알코올 스왑, 분갈이용 마사토, 꽃집 향기 디퓨저, 전기 계란 찜기, 고양이 온열방석…… 이 모든 품목의 쇼핑 정보를 얻는 곳은 SNS이다. 내가 아침에 쇼핑을 하는 이유. 눈뜨자마자 폰을 더듬어 찾는 아주아주 나쁜 버릇 때문이다. 그리고 그 쇼핑 정보를 나만 알기가 아까워 친구들에게 영업을 시작한다.

오랫동안 나는 내가 절대로 할 수 없는 일이 판매나 영업이라고 생각했다. 남을 설득하는 데에 자신이 없기 때문이다. 그런데 요즘 한 친구가 뒤늦게 나의 새로운 재능을 발견하게 해주었다. 나는 그녀에게 거즈를 사용하는 폼 클렌저, 치즈 할인점, 직구 엑스트라 버진 올리브유, 일본 버선처럼 엄지발가락이 갈라지는 운동화, 유기농 콩물 등의 영업에 성공했다. 그러나 솥밥 솥은 실패. 영업 꿈나무인 내가 '맛있는 밥을 완성했습니다'라고 '복음'을 전하는 쿠쿠에게는 여지없이 깨진 것이다.

하루키는 『회전목마의 데드히트』에서 "빵 가게의 리얼리티는 빵 속에 존재하는 것이지, 밀가루 속에 있는 것이 아니다"라고 썼다. 하지만 솥밥의 리얼리티는 밥이 아니라 솥에 있다. 왜냐하면 내가 솥밥에 대해서 근면한 편이기 때문이다. 이 표현 또한 하루키식으로 말해본 것이다. 한 출판사의 SNS에서 올해 노벨문학상 수상이 기대되는 소설가 중 하나로 무라카미 하루키를 꼽으며 인용한 그의 문장이 "전 소설에 대해서는 근면한 편이라서요"였다.

'새벽종이 울렸네 새 아침이 밝았네. 너도나도 일어나 새마을을 가꾸세'라는 새마을운동 노래를 들으며 자라야 했던 세대로서 나에게 근면은 강제 동원이나 국책사업을 연상시킨다. 그러나 이 단어의 느낌은 태도가 아니라 대상에 달려 있는 것 같다. 솥밥에 근면한 편, 소설에 근면한 편, 사랑에 근면한 편. 사랑은 어디에 붙여놓아도 말은 되지만 설득력까지 있으려면 리얼리티가 따라줘야 하는 편.

+　――――――――――――――――――――――――――――――――

2022년 노벨문학상 수상자는 아니 에르노. 그는 수상 소감에서 큰 영예와 함께 무거운 책임감도 느낀다며, 책임감이란 세상을 공정하고 정의로운 형태로 증언하는 것이라고 말했다. 1993년쯤이었나, '어머, 이건 봐야 해!'라며 『단순한 열정』을 돌려보던 친구들의 안부가 궁금해진다. 그때 나는 작가가 아니었지만 쓰는 용기에 대해 배웠는데 그게 바로 책임감이었다는 걸 새로 배운다.

12 돌과
    쇠를
    좋아하는 일

●

 나는 꽤 많은 돌을 갖고 있다. 보석이나 수석은 당연히 아니고, 그냥 돌멩이들. 주로 여행지에서 주워온 것들이다. 남쪽 바다의 파도에 젖어 있던 조약돌, 고산지대 수목한계선에서 내 등산화 바닥을 찔렀던 뾰족한 돌멩이, 유럽의 마차 길을 포장했던 포석, 그리고 오래전 나의 이삿짐과 함께 콘테이너에 실려온 포틀랜드 바다의 몽돌들. 수집하는 건 아니다. (나는 첫눈에 반하지도 못하고 꾸준히 좋아하지도 못하는 잡념 많은 성격이라 '덕질'이 원천봉쇄돼 있다.) 그냥 시간을 기억하게 해주는 오브제라고나 할까. 사실로도 돌은 물건이라기보다 물질에 가깝다.

 시골 토건업자의 딸답게 내가 처음 호감을 가진 돌은 콘크리트용 자갈이다. 어린 시절 자갈을 실으러 가는 아버지 회사의 고물 트럭을 타고 하천에 따라갔을 때였다. 인부 아저씨들이 삽을 들고 작업을 하는 동안 나는 봄 햇볕을 받아 반짝거리는 천변에 앉아 물속의 조약돌을 조물락거리며 놀았다. 그날의 일기가 기억나는데 조약돌을 빨래했다고 썼었다(리얼리스트 어린이의 생활 밀착적 상상력……). 나에게는 그날의 즐거웠던 촉감 놀이(?)가 돌의 친연성에 대한 발견이었을지도 모른다. 언제부터인지 돌을 주워오는 걸 좋아했으니까.

내 아이들이 어릴 때 나는 손바닥 크기의 길쭉한 돌을 아침 기상에 사용하곤 했다(던지는 상상을 하시다니요!). 아이들을 아침에 깨우기란 정말 어려운 일이다. 눈을 뜨면 학교에 가야만 하는데 한사코 눈이 안 떠지는 것도 이해가 간다. 아무리 좋아하던 음악도 알람으로 설정하는 순간 멀어지게 되고, 자신의 체온을 오롯이 간직한 이불을 휙 걷어냈다가는 편지 한 장을 남기고 가출해버릴 수도 있다. 하지만 단단한 돌로 발바닥을 가볍게 찰싹찰싹 때리면, 반수면을 즐기던 아이들은 일단은 차가움에 그리고 간지러움인지 둔통인지 모를 어떤 이물감에 반응을 보이게 마련이었다.

그런데 내가 아는 사람 중 손꼽히는 스타일리스트인 D에게는 좀 다른 방법이 있었다. 그녀는 장미꽃으로 아이를 깨운다는 거였다. 장미를 코에 대서 그 향기로 잠을 깨운다니! 낭만적이지만 어쩐지 약간은 어색하게 느껴졌는데(리얼리스트 어린이는 커서 생활에 찌든 어른이 되었으므로) 웬걸, 그렇게 성장한 아이는 훗날 조향사가 되었다는 멋진 이야기이다.

돌을 선물받은 이야기를 해보겠다. 독일의 한 마을에서 열렸던 문학 행사에서였다. 도시 이름은 잊어버렸지만 프랑크푸르트에서 자동차로 한 시간 반 정도 달리는 내내 펼쳐졌던 단풍으로 물든 숲과 아름다운 전원 풍경은 지금도 기억이 난다. 고등학생에서부터 노부부까지 동네 사람들이 모여 있는 행사장은 마을에서 가장 넓은 공간인 폭스바겐 전시장. 내가 "금요일 밤에 멀리 아시아에서 온 작가를 만나러 와주어 고맙다. 내가 지금 이 시간 한국에 있다면 아마 크롬바커 맥주집에 갔을 것이다"라고 인사를 건네자 사람들이 즐거운 표정으로 웅성거리기 시작했다. 크롬바커 지역이 그곳에서 멀지 않다는 거였다. 술꾼이 환영받는 분위기라니…… 나도 긴장이 좀 풀렸다.

행사가 끝난 뒤 주최측 대표가 마이크를 잡고 내게 감사의 말을 전하며 작고 검은 돌 하나를 내밀었다. 'Viva Literatur'

라는 흰색 글자가 찍혀 있었다. 길을 포장하는 포석. 문학 역시 포석처럼 사람의 가야 할 길을 닦는다는 의미에서 주는 선물이라나. 주최측 대표가 그 돌을 높이 쳐들어 보이며 거기 새겨진 문구대로 '문학 만세!'라고 외쳤을 때 나는 솔직히 가슴이 뛰었다. 그 독일 여행 기간 내내 나의 하이힐 굽을 괴롭혔던 울퉁불퉁한 포석의 길이 바로 내가 가야 할 길이려니 살짝 애틋한 다짐까지 해보면서.

그런데 그 포석을 볼 때마다 떠올리게 되는 다른 돌이 있다. 떠올린다는 건 내가 가진 돌이 아니라는 뜻이다. 그것은 아우슈비츠에 소각 기술을 전했다는 부켄발트 수용소의 돌이다. '문학 만세'가 새겨진 돌을 선물받았던 그해에 나는 사뭇 다른 장소들을 방문했었던 것이다.

2005년 프랑크푸르트 도서전에 한국은 주빈국으로서 작가 삼십여 명이 함께 참가했다. 작가들이 주변 도시에서 강연이나 낭독회를 하기도 했는데 내가 갔던 크롬바커 옆동네도 그런 장소 중 하나였다. 도서전이 열리기 전에는 독일 여러 도시에서 한국문학 홍보 행사가 열렸다. 그 시기에 나는 내 소설을 심사한 적도 있는 중견 소설가 두 분과 함께 부켄발트 수용소를 돌아볼 기회가 있었다.

인간의 피부로 만든 전등갓, 죽음의 10번방이라고 불리는 소각장, 생체실험실의 고문 기구. 당연한 말이지만 그처럼 소름끼치도록 차갑고 무거운 장소는 난생 처음이었다. 일행 모두 말 한마디 숨소리 한번 내지 않았다. 건물 밖으로 나왔지만 마당에 깔려 있는 검은 돌들 하나하나에까지 죽음이 스며 있는 게 느껴졌다. 그런데 한 선생님이 그 돌 하나를 집어 주머니에 넣는 게 아닌가. 잊지 않기 위해서, 라고 혼잣말을 하면서. 아, '진짜 작가'는 저렇게 강하고 독한(죄송합니다) 존재구나. 감탄과 각성이 동시에 밀려들었다. 하지만 나약한 작가인 나는 차마 팔을 뻗어 그 돌을 집을 수가 없었다.

글을 쓰는 것은 나의 내면을 남에게 내보이고 또 설득하는 일이다. 용기가 필요한 일이다. 나는 글을 쓰다가 내가 배짱과 용기가 없는 작가라는 걸 자주 느낀다. 내가 쓰고 싶었으나 쓰지 못했던 글들이 종종 나를 괴롭게 만드는데 부켄발트 수용소의 돌도 그중 하나이다. 장미꽃을 코에 대거나 발바닥을 찰싹찰싹 때리는 행위도 잠을 깨우는 데 도움이 되기도 하니까, 라고 변명해보지만, 내가 또 의심 많은 나 자신을 속여넘길 만큼 영특한 사람은 아니다보니⋯⋯

 어쨌든 이런저런 연유로 우리집에는 곳곳에 돌이 있다. 그것들은 문진이 되기도 하고 향꽂이가 되기도 하고, 만두 빚을 때 두부를 누르기도 한다(여전히 지속되고 있는 생활 밀착형 상상⋯⋯). 하지만 요즘은 돌을 주워오는 일이 별로 없다. 점유물이탈횡령죄도 무섭고 또 책과 마찬가지로 '부동산'이라는 공간의 문제도 있으니까. 그리고 이사무 노구치 미술관에 다녀온 뒤 돌을 보는 눈이 높아져서인지도 모른다.

 박상미의 산문집 『나의 사적인 도시』에는 미술과 함께하는 뉴욕의 이야기가 담겨 있다. 내가 그 도시에 갈 때마다, 그리고 그 도시를 배경으로 한 연작소설을 쓸 때에도 여러 번 펼쳐보았던 책이다. 그 책을 보고 찾아간 장소 중에 하나가 노구치의 정원 미술관이다. 그곳에서 나는 조각이라기보다 자연 상태에 가까운 형상으로 존재감을 내뿜는 그 돌들에 압도당했다. 돌이란 얼마나 생각할 게 많고 아름다운 사물인지. 마치 내 속에 들어 있던 감각의 방을 하나 발견한 기분이었다고나 할까.

 미술관의 기념품점에서 정작 내가 사온 것은 쇠로 만든 향꽂이이다. 여행자에게 적당한 가격과 부피이기도 했고, 무엇보다 저렇게 작은 물건이 저처럼 당돌하고 어여쁠 수 있다니, 돌과 더불어 쇠의 아름다움을 발견한 순간이 찾아왔던 것이다(감각의 방문을 열어젖힌 날은 약간의 흥분 상태가 찾아와 많은 것을 호의적으로 발견해낸다).

노구치는 생활 속에서 의미 있는 예술의 형태를 찾기 위해 공간의 조각화를 추구했다고 한다. 돌과 쇠를 좋아하는 일. 나의 생활 밀착형 상상력의 근간에도 그런 '오브제'를 향한 일종의 미의식과 친연성이 있었는지도 모른다. 억지스럽다고요? 글을 마무리하기가 어려울 때는 '지켜볼 일이다'와 '그것은 나만의 생각일까' '조심스레 주장해본다' 같은 무책임한 애매함이 필요하지 않을까요.

지금 내 책상 위에 놓인 돌은 무령왕의 탄생지로 전해지는 일본의 가카라 섬에서 주워온 것이다(용기가 없는 작가는 부지런히 돌아다니며 발품이라도 팔아야 함). 손바닥 안에 쏙 들어오는 크기이다. 글을 쓰다가 막힐 때 나는 그 매끈하고 단단한 돌을 손에 쥐어본다거나, 빈손으로 끝나면 안 된다 알았지? 하고 말을 걸기도 한다. 세상에서 나의 비밀을 가장 많이 알고 있는 것은 아마 나의 고양이 다음으로 나의 돌들일 것이다. 쓰는 동안 작가들이 스스로 재능이 없다고 탄식하는 건 비밀이 아니지만 그럼에도 글을 끝마치는 데에는 비밀이 있다. 입이 무거운 돌과 쇠를 좋아할 일이다.

+ ---

책 뒤에 붙이는 작가의 말에, 나는 날로 배짱이 세어지는 것 같다, 고 쓴 적이 있다. 그런 다음에는 또다른 작가의 말에, 내 농담을 진담으로 알아들은 사람들이 두려워지기 시작했다, 고 써야 했다. 행여 다음 책에, 용기에 대해 아무 말도 하지 말아야지, 라고 쓰지 않기를.

13 발레를 위한
해피 엔딩

●

 몇 년 전 아프리카의 '별의 동굴'에서 인간의 화석이 발굴되었다. 동굴 입구가 25센티미터도 안 돼서 몸이 작은 여성 과학자만 들어갈 수 있었는데, 그 안에는 천오백여 개의 유골들이 가지런히 놓여 있었다. 학계에서는 장례의식으로 추정했다. 죽음 이후를 상상한 최초의 인류. 그들에게는 동굴의 이름을 따서 호모 날레디, 즉 별의 인간이란 이름이 붙여졌다.

 나는 이 이야기를 소설 속에 이렇게 썼다. "그는 처음 동굴 안으로 들어간 과학자들이 보았을 수없이 많은 화석의 풍경을 상상해보았다. 바닥에 흩어진 것처럼 보였겠지만 누군가의 애도에 의해 그들이 살았던 생의 내용과 그 질서를 전해주었을 화석들."

 애도란 과거에 대한 상상의 영역이기도 하다. 우리는 루틴에 이끌려 하루하루 현재를 살아가지만, 때때로 과거와 미래라는 시간에 대해 생각한다. 내 삶을 목적지가 아닌 경로로, 루틴이 아닌 지도로 그려보는 것이다. 미래에 대해 생각해보지 않았다면 나는 서른다섯 살이라는 나이에 새삼 소설가를 꿈꾸지 못했을지도 모른다. 그리고 소설을 쓰다보면 내가 살아온 과거가 현재의 내 안에서 함께 작동되고 있음을 자주 느끼게 된다.

어린 시절 나는 부모의 기대에 의해 영특한 아이로 '개발'되었다. 제 이름도 쓰지 못하는 채 만 5세에 학교에 들어갔고(운동장을 뛰고 있는 아이들 무리에 끼어들어 같이 뛰는 편법으로. 짧은 다리가 꼬여서 곧바로 넘어졌다) 산수를 잘하기 위해 주산을, 교양을 갖추기 위해 피아노를 배웠다. 그 당시 시골에 학원이 있을 리 없으니 모든 사교육은 골방 과외 형식이었다.

나는 또 일곱 살 때부터 짙은 화장을 하고 목걸이며 귀걸이며 각종 장신구를 매달고 무용대회에 나가기 시작했다. 나의 엄마가 특별히 극성스러운 건 아니었다. 그 당시 '치맛바람'이라고 불리던 교육열이, 엄마들끼리 동창이었던 작은 공동체에서 더욱 과열되었던 것 같다. 내 소설에 등장하는 흥부전을 주제로 한 무용대회라든지, 인간문화재가 판소리의 고장에 가서 무용 잘하는 소녀를 발굴하는 에피소드는 나의 경험담에서 나왔다.

내가 무용 꿈나무에서 작가를 꿈꾸는 지적인 어린이로 바뀐 것은 4학년 때 담임 선생님의 영향이었다. 교대를 갓 졸업하고 부임한 그 선생님은 큰 키에 서울말을 썼고 또 시골 학교로 발령을 받아 조금 시니컬해져 있는 문학청년이기까지 했다. 나는 당장 무용 꿈나무를 집어치우고 그 선생님의 지시대로 방과후에 학교에 남아 열심히 글짓기를 했다. '나무는 나무는 요술쟁이야, 바람은 바람은 심술쟁이야' 이런 글을 써서 야단을 맞아가며…… (그 결과 6학년이 되었을 때 나는 친구에게 보내는 사과 편지에 '정말 미안해. 오, 약한 자여 그대 이름은 여자로다, 라는 셰익스피어의 말도 잊고 그만 실수를 저지르고 말았어'라고 쓰고 있었다고 한다.)

그 선생님의 등장으로 기꺼이 전향을 하긴 했지만 나는 '무용인' 시절을 잊지 못했던 것 같다. 춤추는 사람들을 꾸준히 좋아해온 걸 보면. 지금도 아이돌 그룹의 세련되고 현란한 춤은 물론이고, 움직임이 거의 느껴지지 않는 절제된 춘앵무도 좋아한다. 발레단의 SNS 계정을 팔로우해서 동영상을 챙겨

보기도 한다. 뉴욕에서 아메리칸 발레 시어터의 공연을, 파리의 오페라 가르니에에서 발레를 본 경험은 나의 단골 자랑 레퍼토리이다.

멋진 춤을 보면 자연스럽게 따라 해보고 싶은 마음이 들기도 했다. 그때마다 머릿속에는 '노구를 이끌고?' '이 나이에 내가 하랴?' 같은 이성의 소리가 울려퍼지곤 했는데…… 그럼에도 불구하고 오십대의 어느 봄날 마침내 성인 발레학원의 문을 두드리게 되었으니……

하지만 그 학원이 삼 개월 뒤 문을 닫는 바람에 춤을 향한 나의 오랜 꿈은 허망하게 막을 내리고 말았다. 나의 엄마는 지원자격이 60세까지인 노인대학의 고전무용 강좌에 나이를 여섯 살이나 속이고 들어가서 '나비'라는 애칭까지 얻어냈건만, 나는 그런 '가문의 기예'를 더이상 이어갈 수가 없었던 것이다.

다른 학원을 찾아보지 않은 건 아니다. 내가 살고 있는 신도시에 성인 발레학원이 많지 않아서 오십 분 가까이 차를 운전해 서울까지 나가야 했다. 그러다보니 새 학원에 등록을 하긴 했지만 한 달쯤 다니다가 시간을 내기 어려워 결국 포기하고 말았다. 그 시절의 기억으로는 학원 옆의 맛있는 빵집, 주차할

자리가 없어 애를 먹던 것, 그리고 무엇보다 차를 잃어버렸던 일이 가장 먼저 떠오른다. 그것은 내 친구가 나를 놀리고 싶을 때마다 상기시키는 에피소드이기도 하다.

비 오는 날이었다. 학원에 도착했지만 그날 역시 차를 세울 곳이 마땅치 않았다. 골목을 빙글빙글 도는 중에 수업 시작 시간이 지나버려 초조했던 나는 어떤 건물 앞의 빈자리가 눈에 띄자 무턱대고 거기에 차를 세웠다. 그러고는 차 문을 잠근 뒤, 한 손에는 무용복과 발레 슈즈가 든 가방을 들고 다른 손으로는 우산을 펼쳐든 채 곧바로 학원으로 뛰어갔다.

그런데 수업을 마치고 돌아와 차 문을 열려는데 아무리 찾아도 차 열쇠가 보이지 않았다. 젖은 시멘트 바닥에 가방을 내려놓고 안을 샅샅이 뒤졌지만 소용없는 일이었다. CSI 요원 못지않은 매서운 눈으로 나의 동선을 한발 한발 되짚어가본 것은 물론이고, 다음 수업을 준비하는 수강생들 사이에 잠입해 학원 바닥에 엎드린 채로 철저한 현장 감식을 했으며, 선생님과 수강생들을 붙잡고 '혹시 어디서 굴러다니는 차 열쇠 못 보셨어요?' 라고 날카로운 탐문수사를 벌이기도 했다.

이 모든 과정은 정확히 나의 성격과 정반대되는 행위였다.

질문은커녕 남에게 말을 걸기도 어려워해서 「타인에게 말 걸기」라는 소설까지 쓴 적 있는 내향인인 나는, 창피하다는 이유로 당장 기절해도 이상하지 않을 만한 상태였다. 하지만 분실물이 남의 건물에 임시로 주차해놓은 자동차의 열쇠인 데야……

그 소동에도 불구하고 그날 나는 끝내 열쇠를 찾지 못했다. 보험회사도 도움이 안 됐고 전화를 받은 카센터 직원도 와주지 않았으므로, 비 오는 밤 낯선 장소에 차를 그대로 둔 채 택시를 타고 집에 돌아와야 했다. 그런데 다음날 일찍 다시 가보니 차가 없었다.

맑은 날이라 맑은 정신과 함께 시력이 돌아와서였을까. 차를 세워놓았던 건물의 간판이 그제야 눈에 들어왔다. 목욕탕이었다. 안에 들어가 물어볼 수밖에 없었다. 내가 기어들어가는 목소리로 "저기 혹시, 저기 있던 차……"까지 말하자마자 목욕탕 주인의 눈꼬리가 위로 치켜올라갔다. "그 차 주인이에요?" "네……" "아니, 차를 어떻게 그렇게 세워놓고 가요?" 죄송합니다. 그런데 말입니다. 그 차는 어디로, 도대체 어떻게 움직인 것일까요. 주인에게 야단을 맞으면서 파악하기로, 내

차가 거기에 없는 것은 아침 목욕을 오는 손님들이 주차장을 사용할 수 있도록 다른 골목 안으로 옮겨졌기 때문이었다. 여전히 의문은 남습니다. 차를 어떻게 옮긴 것일까요. 모두 알다시피 차 키가 없는데 말입니다.

레커나 차력이 동원된 건 아니었다. 전날 차에서 내린 내가 가방을 챙기고 우산을 펴는 데 바빠서 차 열쇠를 차 지붕 위에 올려놓은 채 급히 그 자리를 떠났다는 게 사건의 진실이었다. 언젠가 신문에서 이삿날 잔금으로 받은 돈다발을 차 지붕 위에 올려놓고 그대로 차를 출발시켜서 거리에 지폐 바람을 일으켰다는 기사를 보았는데, 그 뉴스를 보고 내 친구가 오랜만에 안부를 물어온 이유를 나는 알고 있다.

그때로부터 거의 10년이 지났다. 이제는 그리 멀지 않은 곳에 성인 발레학원이 생겨서 종종 SNS로 구경을 하곤 한다. 언젠가 내가 다시 무용학원의 문을 두드리게 될까. 아니기가 쉽겠지만, 미래의 내가 무슨 생각을 하고 무슨 짓을 벌일지는 모르는 일이고…… 왜 새삼스럽게 그런 생각을 하게 됐는가 하면 요즘 내가 발레 슈즈를 끼고 살기 때문이다. 정확히 말하면 발레 슈즈가 아니라 겨울철 발레리나의 발을 보호하기 위한 발레 방한화. 나의 악명 높은 수족냉증을 망치러 온 구원자이다.

가을이 시작되면 나는 수면양말과 뗄 수 없는 관계가 된다. 그런데 한편 갑갑함을 못 견디는 터라 신고 벗기를 반복해야 한다. 전기 발 온열기도 가끔 사용하지만 발에 땀 나는 것이 싫으므로 그 역시 껐다 켰다를 반복하곤 한다. 번거로운 일이 아닐 수 없다. 그러다 발견한 것이 발레 웜업 부츠이다.

가볍지만 온기를 잘 보전해주고 통풍이 좋아서 발이 답답하지 않다. 내가 발레에 열정과 끈기를 가졌다면 지금쯤 학원에서 토슈즈 위에 겹쳐 신고 있었을지도 모를 신발. 어린 시절 무용인으로서 꿈꾸었던 발레 슈즈는 지금 수족냉증인을 치료하는 방한화로 귀결되어 내 곁에 놓인 게 현실이다. 그 나름의 해피 엔딩 아닐까.

뜬금없이 어릴 때의 앨범을 꺼내 펼쳐놓고 무용 꿈나무 시절을 회상하고 있는 내게 K가 말한다. 자신은 어린 시절 앨범은 부끄러워서 못 보겠다나. 왜 어린 시절 모습이 부끄럽지? 말 못할 기억이라도 갖고 있나? 아니면 미숙한 모습이 싫은 건가? 아니라고 한다. 설명할 수 없지만 그냥 부끄러움을 느낀다고. 나는 아닌데. 부끄러움을 느끼는 감각이 각자 다른 것일까. 어쩌면 과거를 기억하는 방식이 다른 것인지도 모르겠다.

"그 시절 우리 참 치졸하고 나이브했지. 그래도 과거의 나를 조금이나마 바꿀 수 없다면 현재의 내 삶에 어떤 새로움이 있겠어." 이것은 내가 작가의 말에 썼던 문장이다. 아마 나는 우리가 '과거와 현재와 미래의 시간'을 동시에 살아가고 있다고 생각하는 것 같다. 과거는 현재 속에 여전히 진행되고 있으며, 미래의 나에 대한 상상이 현재의 나를 바꾸는 것이라고. 그리고 과거를 장례 지내는 것은 현재의 삶에 보내는 간곡한 기도라고. 좁고 어두운 동굴 속에 사랑하는 이들의 뼈를 가지런히 늘어놓았던 별의 인간, 호모 날레디가 그랬듯이 말이다.

14 칵테일과 마작,
뒤라스와
탕웨이

어릴 때 읽은 북유럽 동화 속 아이들은 털모자에 목도리를 두르고 얼어붙은 운하에서 스케이트를 탄다. 운하란 어떻게 생긴 것일까. 러시아 소설에서는 부엌의 사모바르에서 늘 따뜻한 차가 끓고 있다. 사모바르가 뭘까. 레이먼드 챈들러의 소설 속 탐정 필립 말로는 바에 앉아 언제나 김릿을 주문한다. 김릿은 어떤 맛일까. 독서에서 시작된 호기심이 지리와 문화에 대한 관심, 취향으로 발전한다는 교훈을 전하려는 게 아니다. 지난여름 내가 칵테일을 배워보았다는 걸 자랑하기 위해 꺼낸 서두이다.

"술 좋아하세요?" "네." 이 대화는 으레 '무슨 술을 좋아하나요?'로 이어진다. 나는 산문집의 작가 소개에 거기 대한 답변을 써둔 적이 있다. "잠이 안 올 때 싱글 몰트 위스키를 마시고 기분 좋은 날에는 혼자서 단맛이 적은 레드 와인을, 친구들과는 주로 생맥주로 폭음한다."

싱글 몰트 위스키를 처음 알게 된 것은 20여 년 전 장편소설을 쓸 때였다. 고독한 개인주의자인 영화감독이 도시의 야경을 내려다보며 집에서 혼자 마시는 술은 뭐가 좋을까 묻자, 술꾼계의 대선배이자 반면교사(?)인 K가 알려준 것이다. 레드 와인은 미국에서 지낼 때 슈퍼마켓의 합리적인 가격 덕에 가까워졌다. 맥주야 뭐, 집에 디스펜서까지 들여놓고 거품을 바라보며 희희낙락하는 관계이고.

거기 비하면 칵테일은 사실 관심 밖이었다. 섞는 것도, 달콤한 술도 내 취향이 아니었기 때문이다. 마셔본 칵테일이라면 해장에 좋은 블러드 메리나 더운 나라의 해변에서 마셨던 피나콜라다, 그리고 뉴욕의 브런치에서 빠뜨릴 수 없는 미모사 정도? 그런 내가 칵테일에 호기심을 느낀 것은 역시나 소설의 영향이다.

마르그리트 뒤라스의 『타키니아의 작은 말들』에는 여름 휴가를 떠나온 부부와 친구들이 매일같이 호텔 테라스에 앉아 술을 마시며 이런 대화를 나눈다. "하여튼 캄파리는 마법이라니까." "맞아요, 이 술이 점점 좋아지는군요." 그들이 나누는 슬프고도 나른하고, 아름답고도 고통스러운 대화들. 그리고 그들이 계속해서 주문하는 차갑고 붉은 술. 나는 그 책을 덮은 뒤로도 한참 동안 깊은 여운에 빠져 있었는데, 내 입에서 나온 최초의 독후감은 "캄파리를 사러 가야겠어"였다.

캄파리 병의 뒤쪽 라벨에는 두 개의 칵테일 레시피가 소개돼 있다. 캄파리 토닉은 술과 토닉워터를 1대3 비율로 섞으면 된다. 첫 단계에서는 그것만으로 충분히 만족. 그러나 두번째로 소개된 네그로니를 만들려면 진과 오렌지 조각, 그리고 베르무트가 필요하다. 베르무트는 또 뭘까.

대형 마켓에도 동네의 술 전문점에서도 발견할 수 없어 남대문시장에 가기로 했다. 그 참, 주제 파악도 잘하고 기대도 빨리 접는 소심한 현실주의자인 내가 언제 이런 지속적인 끈기를 사용해보았던가. 그런데 그 과정이 사뭇 흥미롭고 설레는 게 아닌가. 어느 날 SNS에서 칵테일 일일강습 안내문을 보자마자 나는 망설임 없이 신청서를 보내기에 이르렀다.

모든 일이 다 그렇듯 초보자의 앞에는 공부라는 번잡스러운 미지의 세계가 펼쳐진다. 나는 칵테일 재료를 쉽게 확보하기 위해서 허브 화분을 몇 개 들인 다음, 매일 물을 주고 햇볕과 공기의 자리를 옮겨가며 보살피기 시작했다. 또 칵테일에는 분위기와 멋이 필수인만큼 종류에 맞는 여러 가지 술잔을 검색하고 주문했다. 친구들의 스마트폰에 내가 만든 칵테일 사진을 전송하는가 하면 엉터리 시음회를 가진 적도 있었다(그 소동에 협조해준 친구들에게 이 자리를 빌려 감사를 전한다. 그들은 내가 만든 칵테일이 칵테일 전반에 대한 오해, 심지어 비호감을 유발했을 테지만 단지 알코올이라는 이유로 선선히 마셔주었다).

지난여름 나의 또 한 가지 배움은 마작이었다. 사실 마작이 아니라 브릿지나 체스여도 상관없었다. 새로운 게임의 규칙을 익혀서 일종의 '기능인'이 되는 과정을 경험하고 싶었기 때문이다. 운동이든 어학이든 예능이든 오락이든, 내가 하지 못했던 기능을 익혀가는 과정에서 동기와 활기를 얻으면 그만이었다.

또다른 흑심도 하나 있었다. 단톡방의 잡담으로 친목을 유지할 뿐 점점 만나지 않게 되는 친구들을 끌어들여서 함께 게임을 하며 놀려는 속셈. 결국은 아무도 설득하지 못해 '마작의 가장 어려운 점은 게임에 필요한 네 명을 모으는 일이다'라는 격언을 확인하고 말았지만. 심지어 어릴 때 동네 어른들의 마작판에서 심부름을 한 적이 있다는 K는 '패가망신할 일 있냐'며 마치 악귀를 쫓듯이 막무가내로 손을 내저었다. 저기요, 내가 지금 하우스를 차릴 입장은 못 되거든요. 그리고 모바일 게임을 하루에 몇 시간씩 하며 기록과 랭킹에 연연하는 분이 '엄근진'한 표정으로 할 말은 아닌 듯……

할 수 없이 혼자 마작 교실에 갔던 날 나는 오랜 궁금증 하나를 풀었다. 영화 〈색, 계〉에서 양조위와 탕웨이가 마작 치는 장면에 대한 설명을 들었던 것이다. 막부인 탕웨이가 '치'를 불러서 '7통'을 필요로 하는 걸 알자 양조위는 노골적으로 그 패를 던져준다. 그게 그런 흐름이었구나.

대학원 시절 나의 하숙집에서는 종종 고스톱 판이 벌어졌다. 거기에 K와 내가 함께 들어가면 언제나 졌다. 서로에게 유리한 패를 내주는 건 너무 속보이는 짓 같아서 둘 다 제3자에게 패를 몰아주곤 했기 때문이다. 그렇게 해서 게임에 진 뒤에는 한동안 사이가 나빠졌었다. 고스톱이 아니라 마작이었으면 우리도 우회적으로 서로의 편을 들어줄 수 있었을까. 게임을 그다지 즐기지도, 잘하지도 못하는 내가 과연 그 정도 수준의 마작을 하는 게 가능했을지 의문이지만 말이다. 그나저나, 숫자에 어둡고 암기력이 형편없으며 복잡한 매뉴얼은 읽기조차 싫어하는 내가 마작이라니.

하지만 첫 수업에서 돌아온 뒤 나는 곧바로 마작 세트를 주문함으로써 나의 입문을 공고히 했다. 같이할 친구는 끝내 한 명도 설득하지 못했지만 대신 모바일 게임의 세계가 열려 있었다. 당장 탕웨이의 영화 대사를 차용해 아이디를 만들었다. 그러고는 비록 초급반 중에서도 가장 낮은 단계였지만 '제법이시네요' '그렇게 나오신다 이거지' '이러면 내가 쏘일 각인데'라고 짐짓 껄렁하게 혼잣말을 중얼거리며 진지하게 게임에 몰두했다.

매일 족보를 들여다보고 모조리 잊어버리고 또 복습하고를 반복해야 했지만 어차피 내가 초보를 벗어나리라는 기대는 없었으므로 게임을 할 줄 안다는 것만으로 흐뭇했다. 지하철을 타고 가며 게임을 하기도 했다. 목적지에 닿을 때까지 판이 끝나지 않으면 매너상 나가버릴 수 없으므로 전동차에서 내려 플랫폼에 선 채로 계속한 적도 있다. 게임도 재미있었고 무엇보다 내가 그동안 안 해본 짓을 한다는 사실이 일종의 심리적

탄성彈性을 느끼게 해주었다. 가까스로 익힌 어려운 규칙을 적용해서 점수를 얻어냈을 때는 입안에 침이 고였다.

나의 여름은 그렇게 지나갔다. 지금은 어떻게 되었냐고요?

가을로 접어들면서 바빠지다보니 칵테일을 만들 여유가 없었다. 소홀한 사이에 허브 화분 몇 개에는 곰팡이균이 생겼고, 칵테일 잔들은 손이 잘 닿지 않는 선반 맨 위칸으로 올라갔다. 또 일에 치여 피곤이 겹치는 상태에서는 마작보다 더 시간도 짧게 걸리는 스도쿠나 틀린 그림 찾기 같은 직관적인 게임을 하면서 머리를 식히기 마련이었다. 마침 한 친구에게서 마작 교실에 다니겠다는 약속을 받아낸 터라, 기다린다는 핑계로 살짝 고삐를 늦추고 있다.

그렇다고 해서 결과가 씁쓸하다거나 나한테 실망했다는 등의 불편한 감정을 느끼지는 않는다. 돌이켜보면 지난여름의 나는 약간 무기력한 상태였다. 관계에 실망했고, 원고를 쓰다가 포기해야 했고, 피할 수 없는 변화와 잔걱정 때문에 불면이 잦았다. 의기소침하고 외로웠던 나라는 엔진을 가동시키기 위해서는 스스로 내 안에 이물질을 집어넣고 그것을 쫓아가도록 자극할 필요가 있었다. 우리는 그렇게 나의 삶이라는 건

축물에 색다른 블럭을 끼워넣음으로써, 새로운 분야의 초보가 됨으로써, 매너리즘과 헛된 욕심에 빠진 나로 하여금 첫마음을 돌아보게 할 수도 있는 것이다.

초보가 된다는 것은 여행자나 수강생처럼 마이너가 되는 일이기도 하다. 익숙하지 않은 낯선 지점에서 나를 바라보게 된다. 나이들어가는 것, 친구와 멀어지는 것, 어떤 변화와 상실. 우리에게는 늘 새롭고 낯선 일이 다가온다. 우리 모두 살아본 적 없는 오늘이라는 시간의 초보자이고, 계속되는 한 삶은 늘 초행이다. 그러니 '모르는 자'로서의 행보로 다가오는 시간을 맞이하는 훈련 한두 개쯤은 해봐도 좋지 않을까.

초보자 경험이 유용한 이유 한 가지 더. 그것은 기특하게도 사소한 기능을 남겨준다. 겨울이 오면 나는 다시 칵테일을 만들고 마작을 칠 계획이다. 그 시간이 다음 봄이라면, 여름이라면 또 어떤가. 어차피 내가 모르는 날들을 살게 될 텐데.

+ ──

친구들과 칵테일 시음회를 가졌던 날, 예스24의 '룸펜 레터' 지면에 쓴 나의 짧은 산문이 잠깐 화제가 되었다. 내가 그런 글을 더 써볼까 한다고 지나가듯 말했는데 술친구들 모두 환영했다. 특히 E가 적극적으로 응원해주었다. 덕분에 이 산문집이 시작되었다. 오렌지빛 인연. 각별한 고마움을 전한다.

15 또
못 버린
물건들

우리집에 있는 가장 오래된 물건은 뭘까. 나의 대학 시절 필기 노트? 고등학교 졸업 앨범? 국민학교 성적표? 첫장에 백일 사진이 붙어 있는 어릴 때의 앨범? 외가의 첫아기였던 나의 출생을 기다리며 이모들이 떠준 양말?

아직 아니다. 이렇게 시간을 거슬러가다보면 내가 태어나기 전의 물건까지 줄줄이 등장한다. 오래전 엄마의 문갑에서 발견해 가져온 부모님의 청첩장, 두 분이 청춘 시절 주고받은 빛바랜 펜글씨 편지들, 그리고 일제강점기 소학교 학생이었던 엄마의 성적표까지. 기념 삼아 갖는 거라고 말했지만 나는 결국 그것들을 소설에 죄다 써먹었다(집안에 소설가가 한 명 나오면 삼대가 털린다더니……).

이쯤 나열해놓으면 짐작이 갈 것이다. 중요한 건 내가 저 물건들 모두를 아직 간직하고 있다는 사실이라는 것을. 나의 추억뿐 아니라 부모의 과거사까지. 오래되었다고 해서 쉽게 버릴 수 있는 물건이 아니긴 하다. 그런데 이건 어떨까.

먼저 나의 결혼식 때 맞추었던 팔십년대의 한복 두루마기. 그해 설날 K와 나는 남색과 빨간색의 양단 두루마기를 입고 명동을 누비며 영화 세 편을 연달아 보았다. 때때옷을 입고 세뱃돈을 받은 아이의 마음은 거기까지가 끝. 찬바람 몰아치는 어른의 현실이 곧 닥쳐왔고. 이제는 입을 일이 없는 옷이다.

또 15년 전쯤 큐슈 여행길에 날씨가 추워서 급히 샀던 값싼 혼방 반코트. 내가 그 옷을 걸쳐보자 쇼핑몰의 여성 점원은 일본 만화에서처럼 두 손을 맞잡고 거의 울먹일 듯 '스고이!'를 부르짖었다. 모자가 달리고 검은 바탕에 흰색 도트가 흩어져 눈이 내리는 것처럼 보였던 그 떡볶이 단추 반코트는 소매가 닳고 보풀이 일어서 지금은 입지 못한다.

또 있다. 그다음 해인가 친구 F, G와 떠난 삿포로 여행중 유니클로 세일에서 챙긴 분홍색 스누피 반팔 티셔츠. 나와 F가 잠깐 둘러보겠다며 매장에 들어간 지 두 시간이 넘도록 나오지 않는 바람에 밖에서 기다리던 G가 감기에 걸렸고, 그날 밤 호텔에서 우리 둘이 번갈아가며 G의 뜨거운 이마에 찬수건을 갈아주어야 했다. 그 와중에도 침대등 불빛 아래 두꺼운 『겐지 이야기』를 펴놓고 몰두해 읽던 F의 모습이 기억난다. 그 분홍색 반팔 티셔츠는 올여름에도 입었다.

역시 중요한 것은 이것. 그 낡은 옷들이 버려지지 않고 당분간 내 옷장에 계속 있을 것 같다는 예감.

그런 물건 중 하나가 모스크바 기념품이었던 귀고리 두 짝이다. 검은 모조보석이 박힌 폭포 모양의 그 귀고리는 얼핏 한쌍처럼 보이지만 각기 다른 귀고리이다. 첫번째 귀고리는 굼 백화점에서 샀는데 바로 다음날로 한 짝을 잃어버렸다. 상심해 있었더니 일행이었던 친구가 비슷한 귀고리를 사주었다. 그 두번째 귀고리마저 한 짝을 잃어버려 짝짝이로 남은 것이다.

그리고 이런 것도 있다. 1인용 앤틱 도자기 재떨이, 청동 유대 촛대와 캔들 스너퍼, 중국 벼룩시장에서 샀던 손바닥만한 반딧불 포집기('형설지공'의 그 반딧불이가 맞다). 모두 중고품 가게 구경을 좋아하는 덕에 갖게 된 조잡한 소품들이다. 엄마의 말을 그대로 옮기자면 '귀신 나오게 생겼'으며 소장가치가 있는 물건들은 물론 아니다. 이사를 준비하며 나와 K가 가장 많이 나눈 대화는 "이것 좀 버리자!" "앗, 잠깐만!"이었는데 바로 그런 품목들에 해당한다.

쓸모는 없지만, 어쩌겠나. 나는 그런 물건들의 모양과 텍스처와 만듦새를 보고 있을 때에 느껴지는 일상적이지 않은 기분이 좋은걸. 무용한 것의 존재 증명이, 누구인지 모를 내 안의 다른 나를 발견하고 살아나게 하는데 말이다.

우리집에 효율과는 상관없는 물건들의 목록이 좀 많은 건 사실이다. 그중 하나가, 내가 머그잔 하나만 새로 사더라도 K가 그릇장이 좁아졌으니 이제 이건 버리자고 꺼내놓곤 하는 오래된 접시 세트. 그것들은 미국의 개러지 세일에서 들인 것으로 안 쓴 지 20년이 되어간다. 하지만 우리 가족의 타지 생활에 매일 함께해주었던 걸 떠올리면 쉽게 버릴 수가 없다. 초보 주부 시절 돈을 모아 하나씩 장만했던 코닝 그릇도 마찬가지이다. 접시와 밥그릇 세트를 채워갈 때마다 내 주방이 제대로 자리를 잡아가는 것 같아 얼마나 흐뭇했던가.

물건들을 버릴 수 없게 만드는 데에는 거기 깃든 나의 시간도 한몫을 차지한다. 물건에는 그것을 살 때의 나, 그것을 쓸 때의 나, 그리고 그때 곁에 있었던 사람들의 기억이 담겨 있으며 나는 그 시간을 존중하고 싶은 것이다.

이런 주장이 혹시 정리를 잘하지 않는 사람의 평계로 들리는지? 부분적으로 인정. 그러나 어쩔 수 없이 작별을 하더라도 마음의 준비, 즉 작별에 대한 예의를 갖출 시간은 필요하지 않을까. 그 시간이 너무 오래 걸린다는 항의가 들어왔으므로 잠깐 내가 쓴 소설을 예로 들어보겠다.

이사를 가는 소년이 자신의 물건과 작별하는 에피소드이다. 자신이 쓰던 침대에 폐기물 스티커를 붙여 수거장에 내놓았는데 하필 그날 비가 내린다. 오랫동안 체온을 함께 나눈 침대가 폐기물 낙인이 찍힌 채 밖에서 비를 맞고 있는 걸 바라보며 소년이 작별의 예의에 대해 생각하는 장면이다.

내가 그 예의의 유예기간 때문에 작별하지 못하고 있는 물건 중에 히말라야 털모자가 있다. 역시나 개러지 세일에서 산 모자이지만 히말라야에 가서 썼기 때문에 그렇게 이름이 붙여졌다. 히말라야. 정확히는 ABC라고 통칭되는 안나푸르나 베이스 캠프였다. 왜 아니겠는가. 그 모자를 볼 때마다 내 머릿속에는 수많은 시간이 스쳐지나간다.

아찔한 설산으로 둘러싸인 끝없는 계단, 산맥 한가운데의 고립된 로지의 밤, 고산에서 만난 앞이 보이지 않는 폭설, 어리지만 유능했던 현지 가이드와 마지막 걸음까지 함께 했던 일행들. 고산병으로 퉁퉁 부은 눈에 콘택트렌즈가 들어가지 않아서 흐린 근시로 가파른 산길을 더듬더듬 걸어야 했던 등반길, 행여 발밑이 무너져내릴까 무거운 침묵 속에서 살얼음을 딛듯이 건너가야 했던 거대한 눈덩이의 골짜기. 올라왔던 길이 하산 때는 눈사태로 사라져버려 낭패를 겪었던 일까지. 멋진 풍경과 그리고 거기에 수반되는 고생담은 문자 그대로 '필설'로는 다할 수 없다.

가장 감격스러운 때는 정상(나로서는 베이스 캠프가 곧 정상이므로)을 향해 올라가는 순간일 것이다. 해발 4,000미터에서 고산병에 시달리며 뒤척였던 긴 밤을 보내고 새벽에 출발했는데, 온 사방이 흰 눈으로 둘러싸인 나머지 칠흑 같은 어둠이 마치 장마철 먹구름 뒤의 푸른 하늘 한 조각처럼 보일 정도였다. 가슴까지 쌓인 눈 속으로 가이드가 터널을 뚫듯 길을 내면 우리가 한 사람씩 줄을 서서 뒤따랐다.

언제부터인가 아름다운 새벽 북두칠성이 허리 높이에서 따라오고 있었다. 내가 지구의 천장 부근에 와 있다는 사실이 실감나 전율이 일었다. 하지만 고산용 기능복을 있는 대로 껴입 었는데도 온몸이 순식간에 얼어붙는 강추위라니. 뒤뚱뒤뚱 걸음을 옮기다가 넘어져서 눈 속에 파묻히기 예사였고 바람이 드센 탓에 선글라스를 썼는데도 제대로 눈을 뜰 수가 없었다. 막막한 고원. 로지에서 함께 출발한 등산객 몇 명 외에 생명체 는 아무것도 없었다. 살아서 돌아갈 수는 있는 것일까……

그렇게 한발 한발 '고난의 행군'을 이어가던 중 저 멀리로 목 적지인 베이스 캠프가 어렴풋이 모습을 드러냈을 때의 감격이 란…… 문명세계에서 아득하게 멀리 떨어진 시원始原의 풍경 이란…… 그런데 어디선가 갑자기 나타난 헬리콥터. 게다가 그 헬리콥터에서 날렵하고 화려한 스키복 차림의 인간들이 사 뿐히 뛰어내리는 게 아닌가. 헬기를 동원해 스키 휴가를 즐기 는 독일 사람들이라는 가이드의 설명을 듣고도 나와 일행들의 열린 입은 한동안 닫히지를 않았다. 세계의 끝, 지구의 지붕을 영접하는 방식이 이렇게 다르다니.

히말라야를 영접하는 나의 신성한 마음에 상처를 입은 일이 한번 더 있었다. 5박 6일 동안 산 넘고 물 건너 쉬지 않고 걸으 며 갖은 고생을 해서 가까스로 도착한 안나푸르나 베이스 캠프 휴게실에서 '비빔밥 판매'라는 한글 손글씨를 발견했기 때문이었다. 세계의 끝까지 왔다고 생각했는데 우리 동네 분식집에 있을 법한 익숙한 글자라니. 유럽제국 못지않은 세계정복의 신화로 볼 수도 있으려나. 하지만 한국 비빔밥의 기세와 정반대로 나의 신화는 살짝 빛을 잃은 게 사실이었다.

그런 마음도 잠깐. 휴게실을 벗어나자 눈앞에 펼쳐지는 엄청난 풍경 앞에서 나는 재빨리 성취감을 회복했다. 그리고 두터운 방수 등산모 아래에 나의 히말라야 털모자를 겹쳐 쓴 채로, 해발 4,130미터라고 쓰인 팻말을 배경으로 담배를 피워무는 K를 사진에 담았다(지금은 잘 모르겠지만 2007년에는 희박한 공기 속에서 그런 과시적 연출이 가능했다). 그의 등산복 주머니에도 내 것과 비슷한 털모자가 들어 있었다.

함께한 시간과 삶의 궤적이 담겨 있어 쉽게 버릴 수 없는 물건들. 하지만 그런 물건들을 하나하나 간직하기에는 나의 살아온 시간이 짧지 않고 또 우리집이 그다지 넓지 않은 것도 사실이다. 머지않아 작별은 피할 수 없는 일이 될 것이다. 나에게나 소중한 물건일 뿐이므로 그것들을 쓰레기봉투에 넣어 던지거나 내 소설 속 소년이 버린 침대처럼 폐기물 딱지를 붙인 채 빗속에 방치해야 할지도 모른다. 작별의 마지막은 어쩔 수 없이 단호하고 차가워야 하겠지. 하지만 그 물건들의 시작, 찬란했던 모습들, 나와의 인연, 내 곁에 있었던 시간과 그 덕분에 만들어진 즐겁거나 힘들었던 이야기의 파편들은 어딘가에 남아 내 인생을 이루고 있을 것이다.

- 지난 2월 눈 내리는 날 한라산 윗세오름에 올랐다. 1,700미터까지 갔다고 자랑했지만 실은 출발 지점인 주차장이 1,200미터 지점에 있다. 20년 만에 꺼내 입은 등산복이 기특하게도 눈발과 추위를 막아주었다. 더불어 옷장에 용케 살아남아 있던 K의 히말라야 털모자도 노익장을 과시했다고 한다. 그렇지만 고어텍스 등산모를 살 결심……
- 내 기억에 ABC 휴게실에서 팔던 비빔밥에 한국 상표가 붙어 있었다. 그런데 2007년에 즉석 비빔밥이? 내 기억을 믿을 수 없어서 같이 갔던 친구에게 문자로 물어보았다. 디테일에 강한 소설가답게 상세한 답장이 도착했다. K는 비빔밥을 먹었는데 즉석밥이 아니라 전투식량 같은 거였고, 나와 자신은 라면을 먹었지만 한국이 아닌 네팔 상표였다고 한다. 한국 라면이 있었으면 당연히 그걸 먹었을 텐데 아니어서 기억을 하고 있다고. 그 설명을 들으니 거기까지 가서 한국 비빔밥을 먹을 수는 없다며 내가 라면을 선택한 정황이 어렴풋이 기억났다. 그 친구와 반대로 한국 라면이었다면 아마 선택하지 않았을 것이다. 기억의 방법은 참 다양하고 또 약간은 자의적인 것 같다.

16 그 시절

우리가

좋아했던 인형

●

 어린 시절의 나는 물론 인형을 좋아했다. 하지만 영화 〈토이 스토리〉에서 보여주듯 누구에게나 장난감들과 작별해야 할 시간이 온다. 나에게 그 계기는 벽장에 처박혀 있던 망가진 인형이었다. 눕히면 긴 속눈썹을 내려뜨리며 스르르 눈을 감는 금발의 소녀 인형. 하지만 드레스가 벗겨지고 팔 한 짝이 떨어져나간 그 인형은 벽장 구석에 누운 채 번쩍 뜬 눈으로 나를 쏘아보고 있었다.

 서늘한 장소에 넣어두는 겨울 홍시를 꺼내 먹으려고 벽장문을 열었던 나는 그대로 소리를 지르며 달아났다. 그때부터 인간의 모양을 본뜬 물건들에 두려움을 느꼈던 것 같다. 소설을 쓰기 위해 낯선 방을 찾아 돌아다니던 시절, 옷걸이에 걸린 코트조차 무서워서 악몽을 꾸곤 했다.

 그런 내가 10여 년 전 아오모리 현립미술관에서 인형 하나를 갖게 되었다. 요시토모 나라의 그림 속 아이를 본뜬 인형이 었다. 요시토모 나라는 아이나 동물의 내면에 있는 반항심과 두려움, 잔인함을 표현하는 화가로 알려져 있다. 그 인형 역시 아이다운 귀여운 옷을 입고 있지만 눈에는 불만이 가득하고 입술을 앙다문 표정이다. 왠지 나는 그 얼굴에 위로를 받았다. 어쩔 수 없이 누군가가 자꾸 미워질 때, 훈련된 상냥함이 버겁고 지겨울 때, 우두커니 바라보고 있으면 마음이 편안해질 것 같아 선뜻 가슴에 끌어안고 말았다.

그해의 아오모리 여행에는 또 한 가지 잊을 수 없는 일이 있다.

일종의 친목 및 탐사였던 그 여행에는 몇몇 작가들이 함께 했는데 H도 그중 하나였다. 우리 일행이 미술관 방문에 이어 또하나의 환영 행사였던 피아노 연주를 듣기 위해 호텔의 작은 홀로 들어섰을 때, H는 몹시 피곤한 얼굴로 며칠 동안 잠을 전혀 자지 못했다고 내게 털어놓았다. 아침 비행기에 실려서 가까스로 이곳까지 오긴 했지만 지금 자신은 평소에도 그리 즐기지 않는 클래식 음악보다는 그저 쓰러져 눕고 싶은 마음뿐이라는 거였다. 그것은 나도 마찬가지였다. 피아노 연주가 시작된 지 얼마 안 가 나에게도 조금씩 졸음이 몰려왔다.

하지만 피아노 연주가 끝난 뒤 홀을 나오면서 보니 H는 쌩쌩한 모습으로 출구에 마련된 매대에서 연주자의 시디를 사고 있었다. 나와 눈이 마주치자 빙긋 웃으며 말했다. "오랜만에 정말로 잘 잤어요." 그러고는 불면으로 고통받을 때마다 그 연주자의 음악을 듣겠다며 나를 향해 시디를 들어 보였다. 며칠 동안 약도 듣지 않고 온갖 짓을 다해도 소용없었는데 그 연주가 자기를 잠재워주더라고 말하는 H의 얼굴은 정말로 한결 개운해져 있었다.

나는 어떤 깨달음을 얻은 기분이었다. 예술이 인간을 장악하고 그 안에 스며드는 데는 정말 다양한 방식이 있다는 깨달음. 공부를 하고 경험을 쌓으며 의미를 찾아내는 감상법만 있는 게 아니구나. 어떤 순도 높은 예술은 아무런 해석도 거치지 않고 감각에 곧장 가닿을 수 있어. 바로 그 아름다움과 균형이 H에게 닿아 가장 완벽한 형식의 편안함을 전한 거지. H를 잠들지 못하게 만드는 잡다한 신체와 정신의 움직임들이 완성도 높은 예술로 인해 각기 제자리를 찾아 정돈되는 것, 그것은 예술의 한 기능이야. H야말로 그 경지를 습득한 향유자라고 할 수 있으며…… (좀 많이 나간 느낌) 등등.

그 아오모리 여행의 기억은 커다란 놀람과 슬픔으로 이어진다. 내가 그곳에 다녀온 지 얼마 안 돼 동일본 대지진이 일대를 휩쓸었기 때문이다. 그 소식을 듣고 내 머릿속에 먼저 떠오른 장면은 높고 아름다운 산과 그 숲에 쏟아지던 하염없는 눈발, 호텔 바의 한 벽을 채우고 있던 물 좋은 아오모리산 사케병들, 튀기고 조리고 구워 세심하게 장식한 싱싱한 생선 요리들, 언젠가 애정의 도피행각을 벌일 일이 생기면 꼭 이곳으로 와야겠다고 결심하게 만들었던 아늑하고 정갈한 마을 풍경들이 아니었다. 당연한 일이지만 그곳의 사람들이었다.

가장 먼저 마을 어귀에서 파카에 목도리를 친친 두르고 눈싸움을 하던 아이와 젊은 아빠의 모습이 눈앞을 스쳐갔다. 아이가 엄지장갑 안의 손가락을 꼬물꼬물 움직여 눈을 뭉칠 때마다 한참씩 기다려주는 아빠, 아이가 던지는 눈뭉치를 다섯 차례쯤 맞고 나면 그제야 아빠가 한 번 던지는 다정한 규칙의 반복. 그 일상의 순간들이 한꺼번에 쓸려가버렸을 거라고 생각하면 알지 못할 분노가 치밀었다. 그럴 때마다 아직도 자주 '요시모토'라고 잘못 발음하곤 하는 요시토모의 인형과 눈싸움을 벌이듯이 마주보고 있곤 했다.

몇 년 뒤 도쿄의 한 미술관에서 토고 세이지의 그림을 처음 보았다. 내 발길은 〈쵸蝶〉 앞에 오래 머물렀다. 1897년생인 화가가 '청춘의 탐구'와 '다양한 시도'를 거쳐 말년에 도달한 작품 세계라고 한다. 젊은 날 화가의 실험정신과 에너지가 마침내 단순하고 정적인 형태로 갈무리되어 있는 그 그림 앞에서 숙연해졌던 것은 또 왜였을까. 예술의 궁극 어쩌구 하는 어쭙잖은 창작 정신 같은 데 대한 잡념에 사로잡혔던 것일까. 그 그림이 위로를 주었던 것은 혹시 그 무렵의 내가 역량에 부치는 '탐구'와 '시도'를 하다가 실패한 때문은 아닐까. 잘 모르겠다. 다만 우리에게 위로는 때로 예상치 않은 형식으로 찾아오며, 그것이 예술일 가능성은 아주 높다고만 말해두자.

"사람을 위로하는 데에는 여러 방법이 있다. 고향 풍경을 그리워하는 사람이 있다고 하자. 어떤 사람은 고향의 사진을 구해다 보여줄 수도 있고 어떤 사람은 다른 멋진 풍경으로 데려가 고향을 잊게 해줄 수도 있다. 또 어떤 사람은 애인을 소개해줘 풍경에 대한 관심을 다른 곳으로 돌리게 할 수 있다. 삶은 우리의 정면에만 놓여 있는 게 아니다."

이것은 내가 오래전에 쓴 소설의 구절이다. 지금 쓰고 있는 이 책의 서두에서도 그 구절을 인용하며 '신념을 구현하는 일도 중요하지만 일상이 지속된다는 것이야말로 새삼스럽고도 소중한 일'이라고 덧붙였다. 조금은 소심한 위로이다. 삶은 우리의 정면에만 놓여 있는 게 아니지만, 만약 정면에 놓여 있다면 그 또한 이유가 있을 것이다. 뚫고 나가야 할 때라면 그렇게 해야겠지. 언제나 인간의 편으로 같은 자리를 지켜주는, 그래서 실생활에서는 쓸모없어 보이는 예술, 문학의 위로와 함께. 장난감과 작별한 지 백만 년이 된 내가 침대 머리맡에 요시토모의 인형을 놓아두고 있는 데에는 다 이유가 있다. 맞다. 한창 인형을 좋아할 나이라서이다.

17 스타킹의 계절

●

"패션에 관심이 많으신 편으로 알고 있는데, 스타킹 이야기도 써주세요." 얼마 전 이런 제안을 받았다.

이 글을 쓰기 시작할 때 나는 서른다섯 개 정도의 목록을 미리 만들어놓았다. 소설을 쓸 때도 마찬가지이지만 구체적인 계획이 없으면 글을 시작하지 못한다. 하지만 계획을 그대로 따르지는 않는다. 쓰다보면 새로운 방향으로 새곤 하는데 어쩌면 그 순간이 경직된 어깨에 힘을 뺀 상태인지도 모른다. 나의 상투성 뒤에 숨어 있던 '진짜 하고 싶었던 말'이 시작되는 것이다.

소설의 경우에는 거의 그 생각들을 발견하는 탄력에 의지해 쓴다고도 할 수 있다. 매번 낯설고 어렵지만 동시에 흥미를 잃지 않는 이유이다. 글을 쓰는 과정에서, 계획을 세울 때의 나보다 한 발짝 더 나아간 나를 발견하는 일은 얼마나 짜릿한지.

그렇지 않아도 미리 만들어놓은 나의 산문 아이템이 좀 뻔하다고 느껴질 무렵에 저 제안을 받고 반가웠다는 이야기이다. 나는 계획을 세우는 사람인 동시에 그 계획을 바꿔 실행하는 걸 좋아하는 사람. 그래서, MBTI가 뭐냐고요?

사실 나는 사람을 몇 가지 유형으로 나누는 분류법을 그다지 신뢰하지 않는다(사람은 저마다 고유하며 복잡한 존재라는 내용을 꾸준히 소설에 쓰고 있습니다만). "자신이 어떤 틀에 박힌 유형으로 살아왔다는 걸 깨달으면서 씁쓸해하지 않을 사람은 없을 것이다." 이런 문장을 소설 속에 쓴 적도 있다. 게다가 성격이나 심리 테스트를 하다보면 먼저 그걸 만든 사람의 판단 기준과 사고의 메커니즘을 유추하게 되는 일종의 분석병도 갖고 있다.

우리 모두가 자신에 대해 알고 싶어하며 운명을 점치고 싶어한다는 사실까지 부정하는 건 아니다. 사상체질, 혈액형, 별자리, 음양오행설을 잘도 소설 속에 인용했으며, 애니어그램 책도 열심히 읽었고, 별자리 공부를 하던 I의 추천대로 팟캐스트도 따라 들었으니까. 나의 MBTI가 궁금하지 않았던 건 어쩌면 그래서인지도 모른다. 그 패턴에 의해 내가 누구로 판명

될지 짐작이 갔고, 아니면 아닌 대로 그다지 흥미가 없었다.

하지만 이번에도 I가 나를 트렌드의 세계로 인도했다. 그녀와 1박 2일 조계사 템플스테이에 간 적이 있었는데, 새벽 예불과 정갈한 아침 식사를 마친 뒤 하산(?)해 커피를 마시는 자리에서였다. 속세로 돌아온 기념으로 그녀가 그 테스트를 권했다. 나는 지난밤 108배로 얻은 불심에 의해 순순히 그녀를 따랐고 그 결과 계획성 있는 사람이라는 판정을 받았다. 내 예상대로였다. (각 항목 중에 '내가 보는 나는 이런 사람이다'를 선택했으니 당연한 일이다. 어쨌든 남이 보는 나보다는 상대적으로 정확하지 않을까.) 그런데 거기 대한 내 반응은 예상을 벗어난 것이었으니……

나는 그날로 친구들에게 문자로 모두의 MBTI를 물었고 아직 테스트를 해보지 않은 친구에게는 압력을 넣는 의미에서 설문 링크를 걸어 보냈다. 친구 다섯 명이 모두 나와 같다는 걸 알고는 진심으로 신기해하며 단톡방을 시끄럽게 만들기도 했다. 나를 포함해서 우리 여섯이 서로 얼마나 다른지 잘 알고 있었으므로, 같은 성격으로 판정받았다는 사실이 왠지 즐거웠다.

내가 계획을 세우는 유형인 건 의심할 여지가 없다. 그런데 거기에 한 가지 더. 나는 앞서 말했듯 계획을 바꾸는 일을 더 좋아한다. 지난 주말만 해도, 수목원으로 단풍을 보러 가다가 비가 떨어지자 곧바로 소속 야구팀 우승 기념으로 할인행사를 한다는 주류 아웃렛을 향해 급히 내비게이션 주소를 변경하며 신이 났었다. 나를 믿지 못하기 때문에 어쩔 수 없이 미리 계획을 세워놓지만, 그 합리적이고 안전한 계획이 깨지기를 기대하는 사람이 바로 나인 것이다. 계획을 세우는 것은 타고난 성격일지도 모르나 그걸 바꾸는 것은 나의 선택이자 의지이다. 소규모의 '자아실현'이라고 말하는 건 좀 무리일까.

말하자면 스타킹이 나에게는 그런 물건이다. 옷을 입을 때에 대체로 어떤 보편적인 기준에 따르지만, 조그마한 파격을 더해서 재미를 느끼는 것.

패션에 관심이 많으신 것 같아요, 종종 들었던 말이다. 차림새에 신경을 쓴다는 뜻이다. 하지만 멋지게 보이기보다(멋지게 보인다면 물론 좋지만) 초라하거나 뒤처진 사람으로 보이지 않기 위해서이다. 그것은 나의 엄마가 원했던 바이기도 하다. 일찍이 나의 백일사진을 찍을 때부터 줄곧 엄마는 남의 눈을 의식하며 옷을 입혔는데, 돋보이기보다는 꿀리지 않으려는 의도였다. 남의 말도 함부로 하고 비교도 많이 하는 작은 공동체 시절, 자존심과 교육열의 한 표현이었을 것이다.

사춘기 이후부터 나는 또 체형의 결점을 가리기 위해 옷을 골랐다. 식당에서 메뉴를 고를 때 그다지 주장이 없는 것과 달리 나는 옷은 쉽게 고르지 못해서 같이 쇼핑하는 사람을 답답하게 만들곤 한다. 그 이유는 간단하다. 나에게는 특정 음식에 대한 알러지도 없고 알코올에 거부반응도 없고 커피를 마시다가 잠들 정도로 카페인에 예민하지도 않으며 채식은 하려다 이미 포기했다. 거기에다 하루에 세 번씩 기회가 있는만큼 이번 끼니에 반드시 맛있는 것을 먹지 않아도 괜찮다는 대범함(?)까지 갖추고 있다. 즉 먹는 일을 수행하는 데에는 그다지 고려 사항이 없다. 하지만 신체에 관한 한 꽤 많은 결점이 있는 것이다. 결점이라니, 잘못 훈련된 미적 편견이다. 그럼에도 그 생각에서 완전히 벗어나지 못해 여전히 어떤 종류의 옷은 피하게 된다. 스타킹만은 예외이다. 선택이 자유롭다.

젊은 시절의 나에게 스타킹은 하나의 족쇄였다. 질이 좋지 않은 나일론 스타킹은 나의 건성 피부를 조여왔고, 오래 신고 있으면 가렵고 따끔거려 견디기 힘들었다. 습한 여름에는 더했다. 여성이 맨다리를 내놓으면 안 되는 시대였기 때문에 한여름에도 반드시 스타킹을 신어야 했다. 장마철에 무릎 위까지 푹 젖어 달라붙은 나일론 스타킹을 신고 하수구가 넘친 더러운 웅덩이에 발이 빠져가며 버스정류장까지 걷던 기억은 지금도 선명하다.

스타킹에 줄이 나가면 단정하지 못하다고 여겨졌으므로 그 또한 시시때때로 신경을 써야 했다. 옷장에 스커트가 아예 없는 사람을 제외하고, 회사 화장실에서 다급하게 팬티스타킹을 갈아 신어보지 않은 여성 직장인은 아마 없을 것이다. (그런 시대의 회식 자리에서 직장동료였던 남자들이 어느 지방 술집에 가면 여종업원들이 맨다리로 옆에 앉는다는 정보교환을 하며 은밀히 눈짓을 주고받는 걸 보면서도 아무런 대꾸도 하지 못했던 걸 반성합니다.)

그런 젊은 날을 보낸 나로서는 해방감을 표현하는 구멍난 검은 망사 스타킹 패션조차 이미 클리셰가 돼버린 지금 세상의 패션이 흥미로울 수밖에 없다. 여름 거리를 맨다리로 다니면서 내가 얼마나 해방감을 느꼈는지 상상할 수 있을 것이다.

그리고 그때부터 나에게 스타킹은 추워지면 신는 실용적 물건이자 패션 아이템이 되었다. 나의 스타킹은 지금 서랍 두 칸을 차지하고 있다. 물건을 잘 버리지 않는 탓도 있지만 살색과 검은색이 전부였던 나의 스타킹이 패션이 된 이후 다양해졌기 때문이기도 하다.

그래서 그 하찮은 규모의 '자아실현'은 어떻게 이루어졌던 가요.

한때 나는 알록달록한 색깔의 넓은 가로줄이 있는 모직 스타킹을 즐겨 신었다. 일본의 작가 교류 행사에 참석해 한 중학교를 방문했을 때에도 신고 갔다. 교장 선생님이 한국 홍보를 위한 색동 스타킹이냐고 물어서 천연덕스럽게 그렇다고 대답했으며. 중년 여성작가로서 17세 소년이 주인공인 장편소설을 냈을 때는 문학 기자 간담회 자리에 자주색 오버 니 삭스를 신고 나가서 내가 고정관념에 얽매이지 않은 사람인 척했다. 망사 스타킹으로 나의 자유분방함을 표현해보려 시도했으며 스팽글이 붙은 다소 유치한 스타킹을 신고서 여행 기분을 내기도 했다.

친구가 외국에서 사다준 파란색 얼룩무늬 스타킹을 신고 모임에 가면서 속으로는 걱정이 되었던 것도 사실이다. 눈에 띄지 않기 위해서 패션에 신경쓰던 내가 이런 파격까지 감당할 수 있나. MBTI에 따르면 나는 계획한 대로의 동선 안에서 움직이는 소심한 사람이라는데 그걸 믿었어야 했나……

지금 갑자기 생각이 났다. 대학원에 다닐 무렵 한때 나는 12간지의 궤를 외워서 사람의 운명에 대해 그럴 듯한 말 지어내기를 좋아했다. 동아리 방에 자리를 깔고 선무당 사주를 봐주었던 것도 인기를 좀 얻어보려는 속셈이었다. 그러다가 어느 날 심하게 사주가 평탄하지 않은 사람(전문용어를 쓰자면 '파'가 세 개나 되었다)을 만나 그에게 궁색하나마 덕담을 해준답시고 '당신은 평생 남의 도움을 받게 될 것이다'(왜냐하면 자신의 팔자는 탐탁치 않으므로)라고 말했는데 그 사람이 '그렇다면 당신이 도와주면 어떻겠냐'고 느닷없는 반전을 시도하는 바람에 그만 그후로 오랫동안 그 사람을 돕고 있다고 한다.

얼마나 열심히 도왔냐 하면, 사주단자를 보낼 때 그 사람의 생일을 하루 앞당겨 쓰게 했다. 그렇게 하면 사주가 완전히 달라지니까. 즉 사주를 신봉하는 나의 엄마를 속이기 위해. (결혼 후 엄마가 K의 생일 하루 전날이면 내게 전화를 걸어 미역국을 끓여주었는지 묻곤 하는 부작용을 낳았다.) 어쩐지 내 사주에는 일복이 차고 넘치더라니. 이쯤 되면 사주를 믿어야 하는 거 아닐까. 잠깐. 내가 사주를 믿었다면 사주단자 위조 따위의, 명리를 거스르는 짓은 감히 하지 못했을 테니 믿지 않는다고 봐야 하지 않을까. 믿거나 아니거나, 나는 왔다갔다 종잡을 수 없는 사람이 틀림없다. 나만 그럴까요. 우리 모두는 다 불확정성이어서 아름다운 유기체 아닌가요.

또 한 가지 생각이 떠올랐다. 내가 산문 쓰기를 어려워하는 건 나에 대해 자꾸 거짓말을 하려고 하기 때문 아닐까. 정답을 찾으려다보니 패턴에 따라 상투적으로 글을 쓰게 되는 것 말이다. 스타킹을 고를 때 내가 과연 자유로웠나 생각해본다. 다리가 두껍게 보일까봐 밝은색이나 퍼져 보이는 무늬는 피하지 않았던가. 여전히 결점을 커버하기 위한 소심한 선택을 벗어나지 못했으면서 마치 자유 스타킹 시대를 맞이한 것처럼 단정짓는 건 대체 무슨 유형에 속할까. 자유연상, 자동기술 혹은 '혼파망' 유형일까.

진짜 마지막으로 생각난 한 가지를 더 말하자면, 나는 글을 쓰는 도중 전제가 틀렸음을 발견했을 때 좌절하거나 분노하는 타입은 아닌 듯하다. 계획 단계의 나보다 한 발짝 나갔다며 어떻게든 자신을 합리화하는 사람이다. 세상 어딘가에는 이처럼 소심한 나머지 뻔뻔해지는 인간 유형을 포괄하는 진단법도 있을 법한데…… 아닙니다. 알려주지 말아주세요……

+ ──────────────────────────────────────

내 안의 나약한 목소리: 유형에 속하지 않는 자유로움을 원하지만, 소속감도 갖고 싶다. 좀 편하게.

18 메달을
    걸어본 적이
    있나요

●

내가 달리기를 시작한 것은 2002년, 한 신문사가 공동주최하는 서해안 지역의 마라톤 대회에 참가하면서부터이다. 이 문장은 반만 사실이다. 대회에 참가는 했지만 달리지 않았기 때문이다.

나는 그 신문사 신춘문예의 '중편소설 여성 당선자 모임'의 멤버였는데, 그 무렵 그 모임은 공동으로 책을 내고 함께 여행도 하는 등 꽤 활동적이었다. 그러다보니 신문사에서 대회 홍보를 위해 우리를 초청 혹은 동원한 거였다. 5킬로미터 부문이니 걷더라도 완주는 할 수 있을 거라며 모두들 바닷바람이나 쐬자고 가벼운 여행 준비를 할 때, 혼자 걱정에 빠진 고지식한 내가 있었으니…… 나는 K에게 진지하게 물었다. 달리기는 어떻게 하는 거지?

뭔가가 궁금하면 늘 그렇듯 K는 달리기 입문서를 구입해 먼저 읽어본 다음 내게 충고했다. "우선 옷을 사야 해." 운동복의 기능 때문이기도 하지만 무엇보다 남의 시선으로부터 자유롭기 위해서라는 거였다. 달리는 사람은 눈에 띄게 마련이다. 그러므로 타인의 시선이 자연스럽게 스쳐지나가도록 거기 맞는 복장을 갖춰야만 쓸데없는 신경 안 쓰고 운동에 집중을 할 수 있다나.

나는 스포츠 매장에 나가 운동복을 샀다. 물론 운동화도. 그러고 나니 일단 뭔가 시작은 한 기분이 들어 안심이 되었다. 하지만 공교롭게도 경기 날 갑자기 중요한 일정이 잡히는 바람에 기념사진을 찍은 뒤 그대로 대회장을 떠나야 했다. 뭐야, 옷값만 아깝게 됐잖아.

그런데 얼마 후, 나를 지도 편달하는 재미로 입문서를 읽었다가 스스로도 달리기에 흥미를 느끼게 된 K가 또다른 대회 소식을 가져왔다. 환경재단 주최로 열리는 난지 한강공원 달리기 대회. 나는 순전히 새 운동화와 운동복을 써먹을 마음에 신청서를 냈다. 그 결과 이번에는 5킬로미터를 진짜로 달리는 데 성공했다.

그리고 그해 여름 우리 가족은 시애틀로 떠났고, 동네 전체가 공원 같았던 그곳에서 나의 달리기는 자연스럽게 생활 조깅으로 자리잡게 되었다. 호숫가를 돌고 다리를 건너고 언덕을 오르며 온 동네를 탐험하는 동안 K는 나의 페이스 메이커 같은 존재였다. 늘 앞에서 달려주는 것은 물론이고, 내가 딴생각을 하다가 잠깐 사이 길을 잃고 사라져버릴 때마다 나를 찾아 여러 번 되돌아와야 했으니까.

서툴고 무능한 이방인이자 소수자로 지내야 했던 외국 생활에서, 달리기는 내게 사소하나마 성취의 감각을 느끼게 해주었다. 내 몸을 스스로 컨트롤하고 견인해서 원하는 지점에 이르는 순간 내가 조금 더 강해진 느낌, 할 만큼 해봤다는 후련함. 어쩌면 그것은 강해졌다기보다 내가 약하지만은 않으며 내 안에 힘이 들어 있다는 확인과 다짐 같은 거였는지도 모른다. 그쯤 되니 낡은 운동복이 제법 어울렸는데 옷에 신경을 안 쓸 만큼은 배짱이 생겼다는 뜻이기도 했다.

나의 달리기는 한국에 돌아온 뒤로도 이어졌다. 일산 호수공원 앞의 작은 작업실에서 지낼 무렵 가장 자주 달린 것 같다. 글이 막히는 순간이면 노트북을 덮고 한잠 잘까 아니면 나가서 달려볼까 망설이곤 했는데 언제나 두번째 선택이 더 머리를 맑게 해주었다. 저녁 술 약속을 앞두고 늦은 오후에 달리기를 하고 나면 화장도 잘 받았다. 서울로 향하는 버스에서까지 아직 달리기를 할 때의 열기가 뺨에 남아 있었는데, 출정하는 술꾼으로서 그 홍조는 은근히 기분 좋은 착장이었다.

 지방에 있는 작가 레지던스에 입주할 때에도 언제나 운동화를 챙겼었다. 소도시 대학 캠퍼스의 밤 트랙, 벚꽃나무가 줄지어 늘어선 호수, 공단 지역의 하천가 모두 나의 달리기 코스였다. 그렇게 내 안에 들어 있는 힘을 끌어올림으로써 스스로를 독려하며 집중력을 얻었다.

 SNS에 달리기에 대한 소회를 올리기도 했다. 여름 저녁에 호숫가를 달리고 있으면 어느 틈에 모기에 물리기 일쑤였다. 그런 날은 '뛰는 놈 위에는 역시 나는 놈이 있었다'라고 썼다. '달리다보면 나를 추월해 가는 사람들이 있다. 조금 뒤에는 다시 내가 그들을 앞질러가게 된다. 나는 일정한 속도를 유지했던 것이다'라며 잘난체를 하기도 했다.

 실제로도 달릴 때에 문장이 잘 떠올랐다. 힘들어서 도파민이 더 분비되는 것일까. 걸을 때보다 한층 머릿속 생각에 대한 집중력이 높아졌다. 힙합과 달리기를 좋아하는 소년이 주인공인 장편소설뿐 아니라 나의 많은 소설에 호수공원이 등장하는 것은 그곳에서 구상이 이루어졌기 때문이기도 하다.

하프 마라톤도 여러 번 완주하게 되었다. 모두 K와 함께였다. 차량이 통제된 강변도로나 비무장지대를 달리면 가슴이 '웅장'해졌고, 대회 참가를 위해 강원도의 숙소에 묵었을 때는 원정경기(?)의 컨디션 조절을 위해 지역 특선주를 자제하는 성숙함도 갖추게 되었다.

완주 기념으로 티셔츠나 펜, 쌀 같은 현물을 받는 기쁨도 있었다. 하지만 완주 메달은 포장 비닐도 뜯지 않은 채 서랍에 던져두곤 했는데, 메달이란 금은동일 때에나 의미가 있다고 생각했던 듯하다. 그렇다고 완주도 겨우 해내는 내가 하프 마라톤에서 메달권 안에 드는 사태는 절대로 일어날 리 없으니 메달은 애초에 내 관심 밖일 수밖에.

그런데 그 일이 일어났다. 내가 한 마라톤 대회에서 3등을 한 것이다. 이 말을 하는 게 자랑은 아닌 것이, 알고 보면 특별히 자랑스러운 점도 없기 때문이다. 일단 생긴 지 얼마 안 된 대회라서 참가자가 많지 않았다. 무엇보다 그날은 4월답지 않게 몹시 춥고 바람도 많이 불었다. 신청해놓고 참가하지 않은 사람들이 많았는데 K도 그중 하나였다. 그는 출발 장소에까지 나갔지만 역시 달리는 건 무리라며 포기했고 나의 출전까지 만류하려 들었다.

마라톤은 단조로워 보이지만 시간 경과에 따라 몸의 상태가 변하므로 기복이 따른다. 위험 요소도 적지 않다. 오래 달린다는 것은 내 몸이 전혀 겪어보지 못한 상황에 처하는 일이기 때문이다. 생각지도 못한 일들이 일어나는데, 예를 들면 남자들은 티셔츠에 유두가 두 시간 넘게 반복적으로 쓸려 상처가 나므로 미리 반창고를 붙여두는 게 좋다. 컨디션이 나쁜 상태에서 달리기를 강행하는 것은 당연히 좋은 생각이 아니다. 달리기 위해서는 연습을 하는 것 못지않게 음주가무(?)를 삼가고 잠을 푹 자는 등 컨디션 조절이 필요하다. 달리기가 건강에 도움이 되는 이유는 운동 자체에도 있지만 그처럼 꾸준히 컨디션 조절을 해야 하기 때문일 것이다.

내가 형편없는 기록으로 3등을 한 것은 바로 그 덕분이었다. 아마추어 대회라고 해도 수상권에 드는 참가자들은 대개 프로에 가까운 러너들이었다. 그런 사람들을 포함해서 노련한 참가자들이 컨디션을 고려해 대거 출전하지 않은 틈을 타서 행운을 거머쥔 거였다. 거친 숨을 몰아쉬며 비틀비틀 피니시 라인을 통과하자 스태프가 다가와서 내 목에 이름표 같은 걸 걸어주었다. '3등 수상 후보자'라고 씌어 있었다. 3등 메달은 따로 없었지만 그것이 나의 메달인 셈이었다.

당장 그날부터 나에게 인류는 하프 마라톤에서 수상 메달을 받은 사람과 그렇지 않은 사람 두 부류로 나뉘었다. 나에게는 그 농담이 '내 안에는 힘이 있어' 라는 다짐인 셈이었다. 그 무렵 일도 많이 하고 허튼 짓도 가장 많이 했던 것 같다.

달리기를 한다고 말하면 1년 내내 규칙적으로 뛰는 걸로 오해를 받기도 한다. 물론 아니다. 대회에 신청을 하게 되면 한동안은 일주일에 한두 번씩 연습을 하기도 한다. 하지만 평상시에는 내키는 대로 종종 뛰는 정도였다. 보통은 10킬로미터이고 한 시간 정도 걸렸다. 한 시간 한정, 시속 10킬로미터인 셈이었다. 나는 그런 내 체력과 인내심의 한계를 알았으므로 러너로서 더이상의 꿈을 꾸지는 않았다. 하프 코스로도 전혀 아쉬움이 없었다. 하지만 K는 딱 한 번 42.195킬로미터 풀코스에 도전한 적이 있다. 차가 많이 막혀서 대회에 지각을 해버린 날이었다.

우리는 언제나처럼 하프 코스 신청자였다. 그런데 도착해보니 하프 코스 주자들이 이미 다 출발한 뒤였다. 완주에 의미를 두고 뒤늦게라도 그들을 뒤따라가기로 마음먹은 나와 달리 K는 갑자기 도전 정신을 보였다. 이왕 이렇게 된 것, 뒤이어 출발 준비를 하고 있는 풀코스 참가자 쪽에 합류하겠다는 거였다. 새로운 도전을 해보라는 마라톤 신의 계시라나 뭐라나.

그로부터 두 시간 반쯤 뒤, 하프 코스를 가까스로 완주한 내가 후들거리는 다리를 겨우 지탱하며 피니시 라인 근처에서 그의 도착을 기다리기 시작하는데…… 선두 그룹으로부터 두세 시간씩 뒤처져 들어오는 주자들도 하나둘 모습을 나타내고, 앰뷸런스가 두 대나 지나가고, 비틀거리며 걸음을 옮겨놓는 마지막 주자가 박수를 받으며 완주에 성공하고, 이제 스태프들도 자리를 떠나고 시상식 무대가 차려지는데도 나타나지 않는 K. 온갖 불길한 상상으로 눈앞이 흐려지는 순간 마침내 그를 내려준 차량이 있었으니 이른바 수거 버스, '낙오자'들을 태우는 버스였다.

죽을힘을 다해 달리던 K는 완주를 코앞에 두고 있었다고 한다. 피니시 라인을 가리키는 팻말까지 확인했다. 그런데 어디선가 탈진한 참가자들을 태워가는 버스가 나타나 그의 옆에 섰다. 책 속에서 길을 찾는 사람답게 그는 모 작가의 달리기 산문을 읽었으며 수거 버스에 실려가는 마라토너의 복잡한 심정에 대해 알고 있었다. 그런데 작가가 그것까지는 설명해주지 않았던지 수거 버스가 나타나면 무조건 타야 하는 것으로 잘못 알고 있었으므로, 아직은 달릴 수 있음에도 그 버스에 자발적으로 올라탔다는 거였다.

여기에서 교훈은, 아는 것이 힘이지만 안다고 생각할 때야말로 틀려 있을 수 있다, 가 아니다. 본인의 생생한 증언을 들어보자. "일단 그 버스에 타니까, 갑자기 한 발짝도 못 걸을 상태가 돼버리는 거야. 근데 이상하게도 그게 안도가 되더라. 안 뛰어도 된다는 게 너무 좋더라고." 그의 말에 나는 크게 고개를 끄덕여주었다.

하지만 돌아오는 차 안에서는 다른 대꾸를 하는 나를 상상하고 있었다. 당신 안에는 힘이 남아 있었어. 근데 버스에 타는 걸 기정사실이라고 받아들이는 순간, 그 힘은 꺾여서 사라져버린 거야. 우리 안의 어떤 힘은 스스로가 인정하지 않으면 사라져버려…… 주의. 내심 멋진 말이라고 생각했더라도 나중에 소설에 써먹으면 되니 얄미운 대꾸는 머릿속 상상으로만.

몇 년 전부터 나는 달리기를 하지 않고 있다. 어느 날 한쪽 무릎에 시큰한 느낌이 왔다. 십수 년을 달리는 동안 그 때문에 몸이 아파 병원에 가본 적이 없었고 그때 역시 병원에 갈 정도는 아니라고 생각했다. 그런데 평소 의사와 약사를 멀리하는 나를 걱정하던 친구가 한 병원을 적극 추천했다. 인테리어가 화려한 스포츠 전문 외과병원이었다. 세련된 분위기의 젊은 의사는 크게 놀라는 표정으로 '이 지경이 되도록 그냥 놔두었냐'라며 나를 꾸짖었다. 무릎 한쪽이 문제가 아니고 양쪽 다 꾸준히 치료를 해야 하며 당장 달리기는 멈춰야 하고 잘못하면 걷는 데에도 지장이 올 수 있다는 거였다.

나는 그 말을 다 믿은 건 아니어서 병원에 다시 가지는 않았다. 무릎도 이내 좋아졌다. 하지만 어쩐지 달리기를 하지 않게 되었는데, 바로 힘이 꺾여서라고 생각한다. 내 안에 분명 힘이 있지만 그것을 꺾어버릴 일은 늘 일어나는 법이다. 스스로 힘을 낼 때를 기다리는 수밖에.

지난주에 책장 구석에서 먼지를 쓰고 있는 상자에 우연히 눈길이 닿았다. 저게 뭐였더라. 열어보니 여행지에서 샀던 각종 기념품 사이에 나의 완주 메달들이 있었다. 비닐을 벗기고 한참을 들여다보았다. 그리고 생각했다. 달리기에 대해서도 써보자. 사진은 얀 베르트랑의 사진집 『하늘에서 본 지구』 위에 올려놓고 찍는 게 좋겠다. 멀리 올라가 내려다보면 풍경이 점점 희미해지는 게 아니다. 다른 풍경이 나타난다. 나의 달리기 완주 메달들, 내가 달리던 때의 먼 풍경과 그 힘의 파장 속으로 다시 또 나를 데려가주기를.

19 책상에

앉으면

보이는 것들

이사를 하게 되면 맨 먼저 새집의 공간 배치를 생각한다. 나에게 가장 중요한 것은 책상의 위치이다.

　책상에 앉았을 때 쾌적하고 편안한 동시에 긴장감이 느껴져야 한다. 시야가 답답하면 안 되지만 한편으로 일에 몰두할 수 있을 만큼의 폐쇄성도 보장돼야 하고. 뭐랄까, 개방적이되 독립적인 느낌? 또 원하는 책을 바로 찾을 수 있도록 책장은 가까이 있어야 하는데, 현재 머릿속에서 진행중인 생각을 방해하는 책이 눈에 띨지도 모르니 너무 가까워도 안 된다. 어쩌라고. 내가 부자라면 집안에 도서관 공간과 책상 방을 따로 만들 텐데. 불가능한 꿈을 꿀 만한 순수함도 없고 로또복권을 살 성의조차 없으니 그건 다음 생에나……

　베이징의 한 박물관에서 중국 작가들의 책상 전시를 본 적이 있다. 그야말로 '피 땀 눈물'의 박제. 내 기억에 삼사십 개는 되었던 것 같은데 제각기 분위기가 달랐다. 책상과 의자, 필기구와 노트 등을 놓아두었을 뿐인데도 작가의 작업 스타일이 느껴졌다고나 할까. 육중한 원목에서부터 가벼운 버들고리까지 기후와 환경에 따라 책상의 재질 또한 다양해서 '중국 작가들은 정말 넓은 땅덩이에 흩어져 일하는구나' 하는 생각도 들었다. 더불어 내 책상은 나에 대해 아무것도 말해주지 않을 거야, 하는 생각도. 그때만 해도 나는 새 소설을 쓰는 첫 단계가 노트북을 들고 집을 벗어나는 일이었기 때문이다.

한때는 작업실을 두고도 창작 레지던스 집필실을 찾아다녔다. 일을 하는 카페도 자주 바꿨다. 장소에 적응하면 생각도 익숙한 회로로만 움직이는 것 같아서였다. 하지만 팬데믹 시기를 거치면서 이제 많은 시간을 내 책상 앞에서 보내고 있다.

새집으로 이사를 오면서 나는 집안 곳곳에 앉아 있을 자리를 마련했다. 책상은 두 개. 책장이 있는 방과 안방에 각각 하나씩 놓여 있다. 그 외에도 거실 창가의 작은 테이블, 새로 들인 책을 쌓아놓는 긴 탁자, 그리고 식탁까지 합치면 내가 책을 읽거나 글을 쓸 수 있는 자리는 다섯 군데로 늘어난다.

일을 많이 한다는 뜻은 결코 아니다. 산만한데다 쉽게 진력을 내서 한자리에 오래 못 앉아 있는 것뿐이다(책상에 오래 앉아 있는 탓에 직업병을 갖게 된 동료 작가들에게 부끄럽게도 나는 일도 너무 적게 하는 게 틀림없다). 주로 책장 방의 책상에서 일을 하지만, 싫증이 나면 식탁이나 안방 책상에서 쓰기도 한다.

책 때문에 자꾸만 집이 좁아져서 책상을 하나만 남기고 당근마켓에 내놓을까 고민도 해보았다. 하지만 모든 자리가 다 필요하다는 결론에 이르곤 한다. 앉아 있을 때 나를 둘러싼 벽과 가구의 느낌이 다르고, 아침저녁 햇빛 들어오는 자리가 다르고, 무엇보다 눈에 들어오는 풍경이 달라서이다.

그런데 여기서 질문. 우리는 누구나 글을 쓸 때 모니터를 보지 않나요. 눈에 들어오는 풍경이 다를 일이 뭐가 있을까요. 저는 한자리에 진득하게 앉아 있지 못할 뿐 아니라, 한군데를 오래 집중해서 바라보지도 못하는 걸까요. 대답은 '네'이다. 나는 글을 쓰면서도 자주 모니터에서 눈을 떼고 그 너머를 바라본다. 몸을 의자 등받이에 기대거나 노트북의 각도를 바꾸거나 턱을 괴면서.

머릿속 생각을 다듬는 중이므로 딱히 뭘 보는 건 아니다. 하지만 눈에 들어오는 것이 뭔지는 인식한다. 그러므로 기왕이면 내가 좋아하는 것이거나 나를 자극하는 것, 즉 환기가 되면서도 집중은 깨지지 않는 풍경을 원하게 된다. 전에 살던 집에서는 창가에 책상을 놓았는데 일층이라서 늘 나무를 볼 수 있었다. 지금 사는 집은 창이 너무 높이 달려 있어 책상에 앉아 바깥 풍경을 볼 수가 없다. 그래서 생각한 것이 메모판이었다.

먼저 메모판에 붙어 있는 사진에 대해. 특별히 고른 것은 아니다. 여행지에서 아들이 카메라로 찍었던 거울 속의 가족사진, 9·11 사건이 일어나기 몇 시간 전 K선생님의 정년퇴임 강연을 보러 갔던 때의 사진(시간을 기억하고 싶었다), 열일곱 살 먹은 우리집 고양이 어르신의 아깽이 시절 폴라로이드. 모두 집에 있는 시간이 많아지면서 묵은 상자들을 정리했을 때 '발굴'된 것들이다.

메모판이 금속이라 마그넷도 몇 개 붙였다. 헤어스타일이 독특한 개는 더블린 문학축제에 갔을 때 기념품점에서 샀다. 우리집에 놀러왔던 I가 냉장고 문에 붙어 있는 걸 보고는 '저 마그넷 좀 빌려주세요. 미용실 가서 저렇게 해달라고 할 거에요'라며 장난스럽게 웃던 모습이 기억난다. 그 옆의 이종격투기 선수 마그넷은 과달라하라 도서전의 추억이다. 책방 오늘에서 온라인으로 진행했던 '작가의 창작노트' 행사 때에 저 메모판 사진을 공개했는데 참가자의 질문이 그것이었다. "저 초록 인간은 뭔가요?" 질문 감사합니다. 덕분에 긴장도 풀리고 분위기가 한결 가벼워졌었네요.

가장 눈에 잘 들어오는 위치에 자리잡은 것은 포스트잇 메모와 등장인물 설명표. 최근에 썼던 단편소설 메모이다. 저렇게 등장인물들의 나이와 외모, 특징 등을 적어 붙여놓으면 그 인물이 할 만한 짓과 동선을 떠올리는 데에 도움이 된다. 수시로 체크하지 않으면 캐릭터가 자칫 일관성을 잃을 수도 있고(모름지기 작가란 머릿속에 등장인물을 모두 장악하고 있어야 한다던데…… 열심히 하겠습니다!).

그리고 그 옆에 있는 엽서들은 새 소설집이 나왔을 때 '업계'의 동료들이 보내준 손글씨 편지이다. 축하와 응원의 메시지가 담겨 있다. 책을 쓴다는 건 모르는 사람들로 하여금 비용을 지불하고 내 이야기를 듣게 만드는 일이라고도 할 수 있다. 두려운 일이 아닐 수 없다. 따라서 책상 앞의 작가는 시시각각 불안에 쫓기고 자신을 의심하기 마련인데, 그럼에도 스스로를 믿어야만 계속 쓸 수 있으므로 이처럼 자기강화를 위한 소품을 동원하기도 한다. 내 글을 즐겁게 읽어주는 사람의 다정함이야말로 나를 옹졸한 인정 욕구에서 벗어나 자가발전력(?)을 충전하게 만드는 배터리이다.

얼마 전 J가 '오늘 아침의 내 책상'이라며 단톡방에 사진을 올렸다. 단정하게 배치된 노트북과 마우스, 태블릿 PC, 공책, 교정지, 펜과 펜꽂이, 문진, 달력, 찻잔. 작가의 책상에 있을 법한 모든 것이 갖춰져 있었다. 답장을 하기 위해 나도 핸드폰 속 앨범에서 '책상'을 검색해보았더니 몇 개의 사진이 나왔다.

내가 사는 아파트의 독서실에 한 달 사용권을 끊어서 일했던 무렵의 책상. 거기에는 내 이름표 아래 노트북과 메모지, 볼펜, 에어팟, 커피가 든 텀블러가 전부였다.

국제 창작 프로그램으로 아이오와 시티에서 지냈던 때의 책상 사진은 꽤 많았다. 삼십여 개의 나라로부터 온 작가들이 삼 개월 동안 대학 안의 게스트 하우스에서 함께 생활하며 프로그램을 소화해야 했는데, 당연히 한국말 사용자는 나 혼자였다. 기록은 고립감과 외로움을 이기는 방법 중 하나였을 것이다.

토지문화관과 21세기문학관의 작가 레지던스 시설에 입주했던 시절의 책상 사진도 있었다. J의 사진에서처럼 작업에 필요한 갖가지 물건이 갖춰져 있고, 향초와 핸드크림까지 보인다 (어떤 작가는 글쓰기 전 정갈한 마음으로 손을 씻는다는데, 나는 손이 건조하면 왠지 '자세'가 안 나와서 도포 공정을 거쳐야 한다).

작가 레지던스 시설에 가는 목적은 고립되어 일에 집중하기 위해서이지만 종종 다른 작가들과의 교류가 이루어지기도 한다. 참여 작가에 따라 분위기가 달라지기는 하는데, 같은 관심사와 목표를 가진 사람들끼리 휴게실에서 술잔을 나누는 시간은 조금은 각별하다. L은 그런 자리에 자신이 총애하는 화분을 '데리고' 와서 곁에 두고 술을 마시곤 했다. 그녀의 시를 좋아하는 나는 그 화분을 집에서부터 챙겨왔을 애틋함에 기꺼이 이입하며 덩달아 술맛을 즐겼었다.

똑같은 시설을 이용하는데도 입주 작가들의 방에 가보면 제각기 분위기가 다르다. 책상 위치를 옮기기도 하고 꽃이나 화분, 커피머신, 사진 액자, 술병과 안주, 악기, 과자 등이 놓여 있는가 하면 특별한 그림이나 지도, 부적 같은 걸 벽에 붙여놓는 작가도 있다. 중국 작가들처럼 넓은 땅덩이에 흩어져 있지 않더라도 작가란, 아니 인간이란 모두가 다르며, 또한 무엇엔가 마음을 의지하면서 애써 살아가는 존재인 것이다.

한 일본 작가의 인터뷰가 기억난다. "장소가 소설에 영향을 끼쳤냐고요? 음. 잘 모르겠지만, 별로 영향을 끼쳤을 것 같지 않아요. 책상에 앉아 집중하여 일단 제 머릿속의 세계에 들어가버리면, 제가 앉아 있는 곳이 어떤 장소이든 저에게 있어서는 대부분 아무래도 상관없는 일이 되어버리기 때문이죠."

그리고 이것은 내가 쓴 소설의 한 구절이다. "하지만 아내는 이제 여기 없다. 아내의 독일식 책상의 뚜껑이 완강하게 닫혀버린 것처럼. 그리고 언제나 그 책상 위에 놓여 있던 고무지우개가 달린 아내의 노란색 연필, 그것이 어둠 속에 영원히 매몰되었듯이," 저 구절에 등장하는 노란색 스테들러 연필은 내가 실제로 쓰던 물건이다. 하지만 뚜껑이 달린 독일식 책상은 가져본 적이 없다.

저 일본 작가와 나의 차이는 세계적인 작가와 '로컬' 작가(봉준호 감독 식으로 말해)라는 점만이 아니다. 일단 나는 책상에 앉으면 온갖 잡념 속으로 들어가버린다. '제 머릿속의 세계'로 들어가기까지 수많은 잡념의 예열이 필요하다. 내가 쓴 저 구절로 미루어 짐작건대, 한때 그 잡념 중에는 독일식 책상을 갖고 싶다는 생각도 있었던 것 같다. 지금은 아니다. 이제 높은 책상은 원하지 않는다. 지금 내 눈앞에는 나의 잡념을 집대성해놓은 정신 사나운 메모판이 놓여 있다. '개방적이되 독립적인 느낌'의 아이러니는 그걸로 충분하다.

\+ ————————————————————————

나는 J에게 화답하기 위해 개인정보가 거의 없는 독서실 책상 사진을 골라 단톡방에 올렸는데, 뒤늦게 화면을 확대해보니 사진 속 내 노트북에 '원고가 안 써져서 괴롭다'는 내용만 주저리주저리 씌어 있었으므로, 급히 고양이 사진을 올려 회유를 시도하면서 그 책상 사진은 지워달라고 애걸했다는 뒷이야기가 전해진다.

20 마침내,

고양이

●

　나의 물건들 이야기에, 고양이라고? 당치 않다. 물건도 아닐 뿐 아니라, 더욱 결정적으로, 나의 것이 아니니까.

　고양이는 오직 그 자신의 것이다. 언제나 자기 방식으로 살아가며 이번 생애에 주인공이 자신임을 한시도 잊지 않는다. 하지만 내가 진핵생물-동물계-척삭동물문-포유강-영장목-사람과의 호모 사피엔스로서 다른 종에 대해 알면 얼마나 알겠는가. 우리집 고양이와 함께 오래 살아보니 그애 혹은 그분이(한국 나이로는 17세이고, 고양이 나이 계산기로 검색하면 84세임) 그렇더라는 뜻이다.

　사실 나는 동물과 가깝게 지내는 편이 못 된다. 오래전 늦은 밤에 술 취한 K가 강아지 한 마리를 안고 집에 들어왔을 때에도 반기지 않았다. 나는 책임감이 강해서(?) 책임질 일을 많이 만들지 않는데 그 당시는 신혼답게 의욕이 넘친 나머지 자신을 책임지지 말아달라고 요구하는 K를 책임지기에도 벅찼기 때문이다. 무엇보다 나에게는 낯선 생명체에 대한 두려움이 있었다. 벌레나 뱀처럼 나와 다르게 생긴 동물은 당연하고, 같은 포유류에게도 늘 친근감보다는 경계심이 앞섰던 것이다.

나는 K가 데려온 강아지를 하루만 데리고 있겠다는 의미에서 '하루'라고 불렀다. 그리고 다행히도 좋은 집을 찾아서 가벼운 마음으로 떠나 보낼 수 있었다. 그런데 하루가 떠난 뒤 뜻밖에도 내 마음속에 빈자리가 컸다. 그때 깨달았다. 내가 낯선 생명체를 두려워했던 이유는 상대에 대해 모르고 또 소통이 안 되기 때문이기도 하다는 것을. 그리고 이름을 붙이는 일, 그것이야말로 소통의 첫 단계였다는 걸.

나와 우리집 고양이의 인연이 닿은 것은 환경재단에서 주관하는 '그린보트' 덕분이다. 일주일 동안 환경과 관련된 공부를 하면서 아시아 도시를 여행하는 프로그램인데 그 배에서 만난 룸메이트가 고양이 콩이의 집사였다. 그는 이듬해에 콩이가 사남매를 낳았다는 소식을 전해왔다. 재미있게도 아들 둘은 엄마를 닮아 검은 고양이이고, 딸 둘은 아빠처럼 회색 고양이였다. 나는 그중에서 둘째아들과 막내딸을 데려오게 되었다.

내 친구들은 고양이들을 환영해주며 '랄프와 로렌' '톰과 제리'(도대체 왜?) 등의 이름을 제안했는데, 갖가지 아이디어 중에서 나의 최종 결정은 '말콤'과 '오드리'였다. 늠름한 검은 고양이는 말콤 엑스처럼 혁명을 해야 할 것 같았고, 오자마자 K의 기타로 다가가서 줄을 할퀴었던 미모의 회색 고양이는 〈문 리버〉를 연주하는 오드리 헵번의 환생으로 보였던 것이다.

말콤은 부담스러운 이름과 딴판으로 성격이 털털하고 낯도 안 가리며 장난기가 많았다. 집에 수리 기사가 와서 작업을 하고 있으면, 호기심 많은 소년처럼 옆에 지켜앉아 과정을 꼼꼼이 지켜보기도 했다. 몇 년 뒤 내 친구네 집으로 보내게 되었는데 그곳에서는 더욱 어울리는 '코미'라는 이름으로 불리며 사랑을 듬뿍 받았다. 반면 오드리는 '냉미녀'이다. 17년 동안 단 한 번도 무릎에 앉은 적이 없으며, 이름을 불러도 알은척을 하기는커녕, 긴 세월을 한결같이 내가 가까이 다가가는 즉시 몸을 피해버림으로써 뭔지 억울한 마음이 들게 만드는 새침한 고양이이다.

새침함이란 인간 쪽의 판단이고 언어일 것이다. 오드리에게는 엄중한 삶의 태도나 전략인지도 모른다. 사실 그 덕분에 우리 사이에 암묵적인 연대가 가능한 측면도 있으니까. 오드리는 나에게 곁을 주지 않는 대신 나의 독립성을 보장해준다. 수면의 질이 아침 작업의 컨디션을 좌우하므로 나는 언제나 방문을 닫고 자는데, 거실에서 자는 오드리는 문을 긁어 깨우거나 '어서 나와서 밥상을 차리라'고 호령을 하지 않는다. 털뭉치 회색 발을 가지런히 모으고 그 위에 턱을 괸 채 조용히 방문 앞에서 기다리다가, 내가 깨어나는 기척이 들리면 곧바로 '야아옹' 하고 다정하게 아침 인사를 건네는 것……은 아니고, 집사로서의 내 의무를 상기시키면서 건조하게 업무지시를 하듯 짧게 '야옹!' 소리를 낸다.

오드리와 같이 사는 동안 나는 많은 감정을 새로 알게 되었다. 약하고 어린 존재에 대한 조바심이 생긴 탓인지 작은 동물은 물론이고 식물의 새순도 기특하고 애틋했다. 일층에 살 때는 베란다 밖에서 가끔 까치 소리가 들려왔는데, 그 즉시 이빨을 드러낸 채 그쪽을 향해 낮은 포복으로 신중하게 접근해 가는 오드리를 보며 야생의 아름다움을 실감하기도 했다. 그런 야생을 실내에 길들여지도록 만든 연원에 대해 생각하다 보니 다른 종의 삶도 알고 싶어졌고, 호모사피엔스가 문명이라는 이름으로 생태계에 저지르는 폭력 문제에도 더욱 관심이 갔다.

내가 잘 알지 못하는 타자를 내 기준에 맞춰 판단하는 편견에 대해서도 생각해보게 되었다. 가령, 강아지와 고양이가 같은 언어를 쓸까. 인간이 동물계를 '인간과 인간 아닌 존재'로 분류해서, 인간 이외의 동물들끼리는 모두 말이 통할 거라고 디즈니의 세계처럼 생각하는 건, 수많은 동물 중 하나인 주제에 오만한 이분법이 아닌가 하는 잡념 같은 것들⋯⋯

그런 잡념들을 소설에 쓰기도 했다. 한 장편소설에 등장하는 고양이 두 마리의 이름은 도토와 토리. 둘을 한꺼번에 '도토리들'이라고 부르는 싱글 맘 신민아씨는 자신이 그 고양이들을 알뜰하게 보살피지 않는 데 대해 긴 변명을 늘어놓는다.

"처음 도토리들 데려올 때 얼마나 호들갑을 떨었어. 애지중지 진짜 애틋하게 귀여워했거든. 근데 익숙해지고 나니까 좀 식어버리데? 가끔은 한 공간에 같이 있다는 존재감 자체가 신경이 쓰이더라구. 우리 도토리들, 특별히 보살펴줄 것도 없잖아. 근데도 괜히 성가신 거야. 부담스러우니까. 그러다보니 또 사랑받지 못하는 존재라는 생각이 들어서 미안해지고. 그럼 말야, 내가 잘해주면 되는 거잖아? 근데 사람 마음이 그렇지가 않아. 나 때문이긴 하지만 어쨌든 사랑받지 못하는 존재라는 사실이 호감은 아니거든. 내가 못해줄수록 더 부담이 되고 그래서 오히려 피하게 돼. 그러다보면 또 나를 매정한 사람으로 만들기 때문에 좀 미워지려고 하는 거야. 처음에 극진했던 그 마음이 떠오르면 나 자신이 가증스럽고, 악순환이지."

이 부분이 다소 장황한 것은 신민아씨가 고양이와의 관계를 빗대서 자신의 결혼생활을 자조하고 있기 때문이다. 물론 내가 아니라 소설 속 인물의 고백이다. 소설에 나오는 도토리들과 달리 나와 오드리는 슬기롭게 각자의 영역을 존중하며 평화롭게 동반자 관계를 유지하고 있다, 는 건 아니고, 호시탐탐 내 공간에 침입해서 노트북 자판을 두드리고, 러그와 의자 위에 축축한 헤어볼을 뱉어놓고, 책더미를 무너뜨린 뒤 되레 내게 눈을 치켜뜨며 화를 내고, 패브릭 방석을 털 방석으로 개조해놓는 오드리와 나에게 있어 말다툼은 피할 수 없는 일상생활이다.

나는 오드리에게 따져 묻는다. 왜 큰맘 먹고 산 캣폴에는 올라가지 않고 택배 상자와 비닐봉지에만 앉아 있는지, 실내에

널어놓았던 내 캐시미어 스웨터에게 대체 무슨 유감이 있어서 다 할퀴어놓았는지, 심사중인 원고뭉치에 올라앉아 비켜주지 않는 이유는 뭔지. 오드리는 내게 거의 호통을 친다. 간식 깡통의 지급 횟수를 늘려라, 술 취해 들어와서 고양이 앞발을 잡아당겨 단잠을 깨우는 버릇 좀 고쳐라, 사진 찍히기 싫어하는 걸 뻔히 알면서도 따라다니며 폰을 들이대다니 예의범절은 어디에 갖다버린 것이냐.

그런 대화는 대개 서로 눈을 맞춘 상태에서 이루어진다. 내가 한마디하면 오드리도 꼬박꼬박 수준 높은 고양이어인 '야옹!'으로 대꾸를 한다. 그러다가 내가 한순간 "너 그렇게 계속 말대답할 거야?"라고 짐짓 목소리를 높이면 오드리는 시선은 그대로 나를 향한 채 시무룩하게 그러나 지기 싫은 목소리로 작게 '야옹'이라고 내뱉는데, 그게 그만 끝내자는 신호이다. 그런 다음 몸을 휙 돌려 자기가 좋아하는 자리로 가버린다. 이제 우리는 더이상 서로에게 낯선 생명체가 아니다. 진짜 가족답게 잔소리와 항의가 섞인 애증의 소통을 하고 있는 것이다.

오드리의 생일은 5월 1일이다. 그날이 오면 나는 비지스의 〈퍼스트 오브 메이〉를 들려주며, 특별히 깡통을 아침저녁 두

차례 대접하곤 한다. 어느해인가부터는 엄마 콩이와 마찬가지로 생후 3개월 만에 헤어진, 오드리와 너무나 똑같이 생긴 언니의 안부도 전해주고 있다. 오드리의 언니를 돌보는 집사가 내 '트친'인 덕분에 나는 오랫동안 오드리 언니의 모습도 지켜볼 수 있었다. 그 트친과 나는 DM으로 고양이 자매들의 생일 축하 메시지를 주고받기도 한다. 고양이 나이로 팔십이 넘어가면서 그 메시지가 '아프지 말자'인 것은 조금 슬프지만, 그것과 상관없이 오드리 자매는 여전히 귀엽고 당당한 고양이들이다.

  물건도 아니고 나의 것도 아니면서 여기에 오드리의 이야기를 쓰고 있는 이유. 다음해 5월 1일에 건강한 오드리 옆에서 이 글을 읽어보고 싶다는 아주 개인적인 흑심이 있어서이다. 어떤 소중한 물건보다도 가까이, 그리고 한결같이 그 자리에 있어주는 고양이. 나의 한숨과 눈물을 가장 많이 보았고 그때마다 곁에 다가와 무심한 듯 조용히 앉아 있어주곤 하던 오드리에게 생일 축하 메시지를 좀 길게 준비하고 싶었다. 물론 리액션은 기대할 수 없다. 그러거나 말거나, 오직 자기의 서사로만 움직이는 게 고양이의 방식이니까. 내가 아는 한.

✚ ───

내가 식탁을 차릴 때마다 방석에 파묻혀 자고 있던 오드리는 어느샌가 알아차리고 나와서 잘 보이는 곳에 정좌를 한다. 그 자세로 내가 밥을 다 먹을 때까지 꿈쩍하지 않는다. 다음은 자기 차례라고 압력을 주는 것이다. 요구 품목은 물론 간식 깡통이다. 내가 식탁에서 일어나는 순간 자기도 몸을 일으키는데, 짐짓 모른 척하면 주특기인 호통과 앙탈을 번갈아가며 시전한다. 나를 따라다니며 '뭐 잊은 거 없수'라는 뜻의 야옹 소리를 귀엽게 반복하기도 한다. 나는 장난삼아 오드리의 애를 태우다가 불현듯 이런 상상을 한다. 오드리가 두 발로 벌떡 일어나서 '나 원, 더러워서. 아양이고 애교고 적성 안 맞아 못해먹겠네. 차라리 나가서 사냥을 하고 말지. 어때, 내 솜씨 좀 보여줘?'라고 말하는 상상. '때껄룩' 화이팅.

21 왜
　　필요하냐는
　　질문은 사절

그게 왜 필요한데? 이런 질문을 받으면 설명하려고 애쓰지 말길 바란다. 어차피 설득은 어렵다. 상대는 실용성과 효율을 근거로 묻는 것이지만, 나는 매우 사적으로 기분상 그것을 원하기 때문이다. 쓸모없어 보이는 사소한 물건을 사는 데에는 미묘한 사치의 감각이 있다. 그것은 하염없이 경치를 바라본다거나 아무런 목적도 없이 찻집에 앉아 있는 때처럼, 내가 기능적 인간에서 벗어나 고유한 개인이 되는 듯한 기분과 비슷하다. 내가 되는 기분. 그것을 어떻게 설명하란 말인가. 그래도 반드시 대답을 해야 한다면, 일단 물건을 산 다음에 생각해내도 늦지 않을 것이다.

　식기세척기 애용자로서, 나는 거기에 넣을 수 없는 와인 잔을 따로 씻을 때마다 생각한다. 집에서 혼자 마실 때조차 나는 왜 굳이 이 잔에 마시는 걸까. 다른 튼튼한 잔에 마셔도 될 텐데 이처럼 불편한 과정을 자청하는 이유는 뭘까. 게다가 와인 잔은 굽이 길다보니 자칫하면 수전에 부딪혀 목이 부러지고 만다. 또 그런 참사는 입술에 닿을 때 섬세한 감각을 일깨워주는 얇고 비싼 잔들에게 주로 일어난다.

설거지뿐 아니다. 술을 마실 때에도 와인 잔은 조심해서 다루어야 한다. 높이를 착각해서 팔꿈치로 치기 일쑤이고, 밑면보다 볼이 더 큰 형태이므로 좁은 공간에 무심히 내려놓았다가는 곧바로 바닥으로 굴러떨어진다. 술자리가 길어지면 으레 일어나는 일이다.

언젠가 술집 주인에게서 들은 적이 있는데, 그 가게에서는 첫번째 와인을 주문받을 때에 고급 와인 잔을 내놓다가 술병이 늘어갈수록 주의력이 떨어지는 손님들을 고려해서 값싼 잔으로 바꿔 서빙한다고 한다. 그쯤 되면 깨진 잔도 잔이지만, 술꾼들의 탄식은 쏟아버린 아까운 와인에 대한 애도이지만 말이다.

하지만 이 모든 까다로움에도 불구하고 나는 굽이 없는 와인 잔을 추천받고 싶지는 않다. 또 행사 때 끼워주는 브랜드명이 새겨진 잔보다는 살짝 부딪쳤을 때 맑은 소리가 나는 '깨지기 쉬운' 잔을 선호한다. 잔의 아름다움뿐 아니라 그것을 다루는 조심스러움과 격식 또한 와인 맛에 포함돼 있다고 생각한다. 와인 잔의 세계는 와인 종류만큼이나 공부할 게 많은데 나는 어쩌다 큰 쇼핑몰에 가면 와인 잔 구경하는 재미를 빼놓지 않는다.

사실 와인 잔만이라면 '그게 왜 필요하냐'는 질문은 받지 않을 것이다. 화이트 와인과 레드 와인용을 따로 갖춘다 해도 그리 호들갑은 아니라고 생각한다. 그런데 나는 와인과 관련해서 '좀더' 많은 걸 갖고 있으니, 질문을 받는 건 여기서부터이다.

먼저 각종 와인 따개들과 남은 와인을 보관할 때 쓰는 마개들. 이건 필요하다. 디켄터도 인정. 와인을 따를 때 공기를 넣어주는 스크류 마개(한국 발명가의 특허 제품이라고 한다), 높은 와인병이 넘어지지 않도록 올려놓는 둥근 받침통, 화이트 와인 병에 감아서 차게 만드는 용도의 얼음싸개, 얼음통을 채우는 잘 녹지 않는 플라스틱 색얼음. 이것들은 질문을 유발할 수 있는 품목들이다. 하지만 미국 생활에서 처음 와인에 입문할 때 갖춘 '유물'이기도 하므로, 그때나 지금이나 최측근 술친구인 K도 그다지 이의는 없는 듯하다. 그가 인정하지 않는 물건은 바로 와인 참charm이다.

와인 참은 와인 굽에 감아놓는 고리이다. 잔의 표면에 직접 붙이는 흡착식 참도 있다. 그것들은 여러 가지 색깔로 되어 있거나 알파벳 이니셜이 달려 있어 각자의 잔을 식별하게 해준다. 술잔을 들고 여기저기 돌아다니면서 마시는 서양의 파티에서 필요할 법한 물건으로, 우리처럼 대부분 한자리에 앉아서 마시는 문화에서는 별로 필요없어 보이는 게 사실이다. 하지만 질문 사절. 나는 그 참을 좋아한다.

마시던 술잔이 뒤섞이지 않도록 하는 위생적인 이유만은 아니다. 각자 원하는 참을 선택해서 자신의 잔에 달고 "내 잔은 이거야" 하고 말할 때의 뿌듯함을 뭐라고 설명해야 할까. 나를 확정하는 장치. 그것이 뭔가 한 단계 더 즐거움의 디테일을 갖추어준다고나 할까. 굳이 의미를 부여하자면, 누군가 이름을 불러줄 때 그에게로 가서 꽃이 된다는 시처럼, 이 삶에 초대받은 기분을 주는 듯? 이건 좀 지나친 비약인데……(이래서 설명을 안 해야 한다니까요. 나는 그냥 그런 '짓'을 좋아해요……)

어렸을 때 나는 동네 골목을 돌아다니며 문패 읽는 걸 좋아했다. 작가가 되어 글을 쓰러 돌아다니던 시절에 낯선 장소에 가면 먼저 동네 산책을 하곤 했는데, 그때에도 문패를 살펴보는 재미가 있었다. 성이 같은 집이 나란히 있으면 어른이 되더라도 꼭 옆집에 살자고 약속하는 어린 형제자매를 상상해보고, 커플로 보이는 이름이 함께 붙어 있는 걸 보면 괜시리 행복을 빌어주기도 했다.

스페인 여행에서 기념품으로 사온 알파벳 타일 여섯 개가 E, U, N / K, I, M이었던 것도 어린 시절 문패에 대한 기억이 떠올라서였다(최근 나는 그중 K, I, M 타일을, 4인 가족 모두가 김씨인 직계가족에게 선물해서 대리만족을 시도했으나 '개인정보 노출'이라는 충분히 공감할 만한 이유로 좌절되었다고 한다).

어쨌든 우리에게는 쓸모없는 물건을 당당하게 살 기회를 갖기 위해 기념품과 굿즈라는 게 존재하며, 나는 그 기회를 놓치지 않는다는 얘기이다. 그러니 왜 필요하냐는 질문을 받을 만한 물건들이 많을 수밖에.

커피 없이는 일을 하지 못하는 나에게 간편한 캡슐 커피머신은 필수품이다. 여유로울 때 마시는 다양한 맛의 드립커피 또한 포기할 수 없다. 드립커피용 주전자를 탐내는 건 당연하다. 가끔은 드립백에도 손이 가는데, 그러다보니 드립백을 컵 바닥에서 높이 띄우는 거치대도 갖추게 되었다. 그리고 또…… 차를 우린 뒤에 티백을 올려놓는 티백 받침대, 버터를 잘라 놓는 버터 디쉬, 반숙 달걀을 올려놓는 에그 컵. 은으로 된 이쑤시개, 가죽 케이스에 들어 있는 휴대용 샷잔. 이것들은 모두 질문 사절 품목일 것이다.

얼마 전 나는 이쑤시개 통을 치간 칫솔 통으로 활용하며 K에게 의기양양하게 말했다. "어때, 이렇게 예쁘게 넣어두면 하기 싫은 양치질을 자주 하게 될 것 같지 않아?" 다음 순간 우리는 눈이 마주쳤고 동시에 웃고 말았다. 나의 그 모습이 우리가 즐겨 보던 시트콤 〈웬만해선 그들을 막을 수 없다〉에서 배우 신구가 연기한 노인을 연상시켰기 때문이다. 버려진 색소폰을 주워온 노인은 "그걸 어디다 쓴다고 주워오셨어요"라는 며느리의 핀잔을 듣는다. 그러자 노인은 색소폰을 바가지처럼 사용해 물을 퍼담고, 색소폰 끝으로 등을 긁고, 색소폰으로 망치질을 해서 벽에 못을 박으며 시시각각 며느리를 불러댄다. 이래도 이게 필요없냐? 이래도, 이래도?

솔직히 나는 장비병 경증 환자가 맞는 것 같다. 뭐든 관심을 갖기 시작하면 이것저것 내가 몰랐던 디테일한 물건의 세계를 잡다하게 파고든다. 하지만 낭비라고 하기에는 소심한 규모이다. 사치스러운 사람이 되기에는 제약이 많기 때문이다.

"어린 시절 나는 밥상 위의 반찬들이 유리그릇에 담겨 있는 걸 보고 본격적인 여름의 시작을 알았다. 다시 도자기 그릇으로 바뀌면 겨울이 다가온 것이었다." "형은 넉넉지 못한 살림에 아무 쓸모없는 꽃을 사고 집에서 혼자 차를 마실 때조차 립스틱을 바르는 어머니가 허영심 많고 사치스럽다며 싫어했다."

내가 쓴 소설에 등장하는 저 어머니는 나의 엄마와 비슷하다. 엄마는 생활 속에서나 꾸밈에서나 작은 사치의 여유를 포기하지 않았다. 칠순이 넘어도 예쁜 속옷을 입었고 그릇 구경을 좋아했다. 그런 엄마가 뜻밖에도 빈병이라면 반색을 하곤 했는데, 나로서는 도무지 이해할 수 없는 일이었다. 이제와 생각하면 그것은 식민지와 전쟁을 겪으며 성장했던 엄마가 그릇을 좋아하고 반찬통 정리를 즐기는 데에 빈병이야말로 옹색하게나마 다양성을 구현할 수 있는 방식이 아니었나 싶다. 그럴 필요가 없어진 뒤까지도 빈병을 탐내는 심리 기전이 깊이 새겨져 사라지지 않는 것이다(나도 내 아이들이 어릴 때 모양을 오리고 남은 색종이 조각을 쉽게 버리지 못했는데, 물자가 부족했던 시절 시골 아이의 결핍감을 잊지 못한 때문이 아닌가 싶다).

그렇게 보면 사치의 감각은 자기의 한계를 극복(?)하는 창의적 측면도 있는 것 같다. 제약 속에서도 다양한 구현 방식을 찾는 것이다. 여러모로 몸에 이로운, 작은 사치를 장려합니다. 질문 사절……

다시 와인 잔으로 돌아와 계속해서 무리한 주장을 이어가자면, 불편함을 자청하는 순간 우리는 합리적 매뉴얼에서 벗어나 스스로 선택하는 존재가 되는 건 아닐까, 라는 생각을 해본다. 실용과 보편을 따르지 않음으로써. 우리는 가성비를 따지며 살 수밖에 없지만 어쩌다 불필요한 선택을 할 때 그것은 실용성과 효율이 아닌 다양성의 문제가 되며…… 또 그렇게 되면, 모두 알다시피 다양성 앞에서 옳고 그름은 당연히 성립되지 않으므로, 그냥 받아들여야 하는 일이 되는 것이다. 세상 모든 일이 그렇듯 우리는 사람과의 관계든 물건이든 필요한지 아닌지로 나누기 십상인데, 그 윗단계에는 '그냥'이라는 경지가 있다, 고 주장해본다.

+ ───────────────────────────────

그렇지만 피곤한 날에는 무조건 막잔을 씁니다. 개인의 고유성과 사치의 감각? 피로 앞에서는 그런 거 없다…… '피로 사절 사회'의 도입이 시급합니다.

22 지도와

영토와

번호판

●

 오래 좋아했던 작가의 책을 읽으며, 이제 그만 작별할 때가 온 것 같다고 생각하는 순간이 있다. 그럼에도 그중 어떤 작가는 신간이 나오면 여전히 다시 찾게 된다. 그 책에서 내가 좋아하는 점이 유지되면, 비록 나와 맞지 않는 점이 발견되더라도 다음 책을 또 사리라 마음먹는다. 그 작가가 주는 것을 다른 작가에게서는 얻지 못하기 때문이다. 나에게는 그런 작가가 몇 명 있다. 그 작가의 작품을 다 좋아하지는 않지만 두말없이 그 작가를 좋아한다고 말할 수 있는.

 오래전 줄리언 반스의 『10 1/2장으로 쓴 세계 역사』를 읽은 뒤 나는 평생 안 해봤던 짓을 했다. 그의 다음 책이 언제 나오는지 출판사에 문의 전화를 건 것이다. 그 당시 줄리안 반스의 책을 출간하던 곳은 작은 출판사였다. 그곳의 담당자는 관심을 가져주어 고맙다며 왠지 내 이름을 물었다. 그해에 어렵사리 신춘문예에 당선됐지만 청탁이 전혀 없어서 장편을 써보자고 깊은 산사에 들어가 있던 나는 이름을 말하며 얼굴이 조금 붉어졌다. 그 작가를 향한 내 마음을 고백하는 기분이었던 것이다. 그런 순정을 잊기는 어려운 일이다. 그 시절 내가 글쓰기 스승으로 삼는 작가는 밀란 쿤데라 일인체제였다고 할 수 있었는데 그때를 시작으로 배움이 점점 더 넓어졌다.

미셸 우엘벡도 여전히 전폭적으로 동의는 하지 않지만 신간이 나올 때마다 찾아보는 작가이다. 특히 『지도와 영토』는 앞서 그의 다른 책을 읽고 작별해버렸던 나를 돌이켜 세운 작품이기도 하다(이 책에서는 프랑스 소설가가 보는 한국의 이미지가 이렇게 표현된다. "2010년대의 소비자가 좋아라 할 만한 가장 좋은 방법은 한국 제품을 선택하는 것이다. 자동차로는 기아와 현대가 있고, 전자제품으로는 LG와 삼성이 있다." 그리고 주인공인 사진 작가는 삼성 카메라의 사용법을 꼼꼼히 검토한 뒤 '결국 이 카메라는 그를 위한 것이 아닌 듯했다'라고 점잖게 결론을 내리는데……).

『지도와 영토』. 이 제목은 왠지 내가 미국 워싱턴주의 번호판을 달고 운전할 때의 시간들을 떠오르게 만든다. 지도 한 권에 의지해서 광활하고 낯선 땅을 자동차로 돌아다녔던 사십대의 나. 캐나다 로키를 비롯해서 옐로스톤과 글래시어 등등 여러 국립공원으로 캠핑을 다녔고, 101번 국도를 따라 태평양 해안을 여행했다. 길을 잘못 들어 '이곳은 사유지이므로 총을 쏘겠음'이라는 표지판을 보고 혼비백산 도망친 일도 있었다. 산길에서 장갑차 같은 대형 트럭이 따라오며 위협 운전을 하는 바람에 공포의 액셀을 밟기도 했다. 또한 4인 가족의 유일한 운전자로서, 학원이 아닌 숙련자가 운전교습을 시키는 미국에서 나머지 세 가족, 즉 K와 두 명의 청소년을 그 차의 조수석에 태워 가르쳤다(일부 실패했다).

중고로 구입했던 그 차는 2000년 1월에 출시된 자주색 혼다였다. 컨테이너로 한국에 실려와서 그후로도 17년을 나와 함께 보냈다.

그 차를 운전하는 동안 나는 한국의 고속도로에서 숱하게 추월을 당하고 난폭 운전에 시달리기도 했다. 처음에는 이유를 몰랐다. 빌어먹을 세상 따위, 하고 말았다. 친구를 태우러 갔을 때 그녀가 "네가 하도 작아서 운전자 없이 차가 굴러오는 줄 알았다"고 농담을 해서야 비로소 깨달았다. 미국의 차들이 그렇듯 그 차는 선팅이 전혀 돼 있지 않았는데, 핸들 뒤에 숨겨진 '조그만 여자'가 환히 들여다보였던 모양이었다. 그러니까, 한국의 일부 남자 운전자들은 조그만 여자 운전자의 뒤를 조신하게(?) 따라올 수가 없었던 것이다. 밤 운전 때는 왜 추월을 당하지 않았는지 그제야 의문이 풀렸다(저요. 1994년 면허를 따자마자 운전을 시작해 지금까지 SUV 포함 네 대의 차주였고, 무사고라서 자동 승급된 1종 면허 소지자예요. 그리고 한국 운전경력 10년 차에 치렀던 미국 면허시험에서 여러 번 떨어졌는데, 사유가 모두 'dangerous'였을 만큼 충분히 난폭했다가 갱생의 길을 걷게 된 조그만 여자랍니다).

내가 그 차에서 보낸 시간을 모두 합하면 얼마나 될까. 이동과 여행뿐만이 아니다. 그 차를 운전해서 지방으로 글 쓸 장소를 찾아다녔고 그 차 안에서 수많은 소설을 구상했다. 우리 가족의 한 역사가 담겨 있다고 할 수 있으며, 그 차에 태우거나 그 차를 잠깐씩 운전해준 친구도 여럿이다. 한때 사이드미러가 부러져 테이프로 감고 다니기도 했고 카 오디오도 고장난 지 오래이고 사방이 긁히고 칠이 벗겨졌으며 내비게이션은커녕 후방 카메라도 없는 구식 자동차이지만 허물없고 믿음직한

동반자였던 나의 차.

그런데 나는 그 차를 작별인사조차 하지 못하고 떠나 보냈다. 3년 전 마침내 새 차를 계약했던 무렵, 나는 신간이 나와서 바쁘게 시간을 보내고 있었다. 어느 날 외출에서 돌아와보니 새 차의 딜러가 그 차를 가져갔다는 거였다. 순간 가슴이 내려앉았지만 한편으로는 분명 끈적했을 작별을 치르지 않게 돼 다행이라는 생각도 없지 않았다. "그래도…… 번호판이라도 떼어놓지……"라는 말은 끝내 입밖으로 새어나오고 말았지만 말이다.

그 번호판은 없지만 미국에서 운전할 때 그 차에 달았던 번호판은 아직 갖고 있다. 등록을 갱신한 뒤 버리지 않은 것까지 두 개이다. 미국은 주에 따라 번호판 디자인이 다른데, 워싱턴 주는 '에버그린 스테이트'란 문구와 함께 레이니어 산이 그려져 있다. 레이니어는 내가 여러 번 캠핑을 했던 아름다운 설산이다. 새벽에 보았던 별의 천지는 평생 잊을 수 없을 것이다.

그 번호판을 볼 때마다 수많은 여행지가 떠오르는 것도 당연한 일이다. 내가 가장 도전과 모험을 많이 했던 시절이고, 남의 나라에서의 삶이다보니 어쩔 수 없이 위축돼 있었지만 한편으로 가장 자유로웠던 때이기도 했다.

사우디아라비아 영화 〈와즈다〉의 주인공 소녀에게 박수를 보낸 이유도, 그런 자유에 대한 이야기여서였다. 어디나 마찬가지로 그 나라에서도 여자들이 일을 하기 위해서는 어딘가로 가야 한다. 하지만 변변한 대중교통 수단도 없이 여자들에게는 운전이 금지돼 있다. 와즈다의 엄마처럼 일이 필요한 여자들은 남자에게 의존해야만 한다. 또 여자아이에게는 '아이를 낳을 수 없게 된다'며 자전거를 타지 못하게 한다. 소녀 와즈다가 자전거 살 돈을 모으기 위해 여러 가지 꾀를 동원하는 과정은 이동의 권리와 독립적 선택권을 쟁취하려는 투쟁이기도 한 것이다.

내가 청소년기를 다시 보낼 수 있다면 반드시 하고 싶은 것 세 가지가 있다. 탁구와 자전거와 롤러스케이트. '예향'의 도시이며 '정숙'이 여고의 교훈이었던 환경에서 나처럼 소심한 학생은 쉽게 넘볼 수 없었던 영역이다. 자전기 타기는 어른이 된 뒤에 몇 번인가 시도했지만 잘되지 않았다. 호수공원처럼 길이 잘 조성된 곳에서조차 마주 오는 보행자가 나타나면 당황한 나머지 곧바로 자전거를 멈추고 내려버리기 일쑤였다.

그런 내가 자전거를 즐겁게 탄 것은 작가 레지던시 프로그램으로 머물렀던 미국의 아이오와 시티에서였다. 그곳의 자연 환경과 인구밀도 정도면 나 같은 겁쟁이도 충분히 자전거를 탈 만했던 것이다. 자전거 문화를 장려하는 제도적 장치도 있었다. 지역사회에서 운영하는 자전거 라이브러리에 보증금을 내면 나에게 맞는 자전거를 빌려주었고 반납할 때 돌려받았다.

어느 날 나의 자전거를 본 수단 작가가 자기 나라에서 여자는 자전거를 타지 못하게 되어 있다고 알려주었다. 대신 피트니스 클럽이 발달해서 여성들이 실내 자전거를 많이 탄다는 거였다. 그것도 좋긴 하지만 와즈다가 원했던 자전거와는 분명 다른 자전거라는 생각이 들었다.

몸의 이동은 신체와 정신을 동시에 각성시켜 새로움과 접촉하게 만든다. 그런 점에서 인간에게 매우 중요하고 필수적인 활동일 것이다. 이동의 강도를 높여주는 속도의 체험 역시 우엘벡의 용어를 빌리자면 일종의 '투쟁 영역의 확장'일 수도 있다. 스스로 이동할 수 있다는 건 인간의 기본적인 권리이기 때문에 감옥이란 말이 구속과 박탈의 은유로 사용되고 있는 것이다.

　내가 그것을 실감한 것은 <어둠 속의 대화> 전시에서였다. 백 분 동안의 완전한 어둠 체험. 어둠 속에서 만지고 듣고 맛보는 것. 아무것도 보이지 않는 상태에서는 내가 알던 것과는 다른 감각으로 사물을 느낄 수밖에 없었다. 그중 가장 기억에 남는 게 바로 '이동' 체험이었다. 한자리에 앉은 채로 기계장치에 의해 상체만 조금 움직이는데도 사뭇 시원하고 해방감이 느껴졌다. 이동의 감각이란 얼마나 소중한 것인지 실감하면서 동시에 이동이 자유롭지 못한 조건에서 살아가는 사람들에 대해 많은 생각을 했다. 나는 나와 다른 조건에서 사는 사람들을 얼마나 이해하고 있는 걸까. 아주아주 조금일 것이다.

　작별인사 없이 떠나보낸 나의 옛 차 안에서 구상한 소설 가운데 「지도 중독」이란 중편소설이 있다. 거기에는 웅장하고 아름다운 로키 산맥을 여행하는데도 자동차 조수석에 앉은 채 풍경은 보지 않고 오로지 지도만 보는 사람이 등장한다. 그 지도 중독자의 시선은 지도 위에 있는 자신의 좌표만을 따라가는 것이다. 소설 속 화자는 자연과 야생에 대해 이야기를 나누다가 불쑥 그에게 진화가 무엇인지 묻는다. 그는 이렇게 대답

한다.

"모두들 다른 존재가 되는 것, 그것이 진화야. 인간들은 다르다는 것에 불안을 느끼고 자기와 다른 인간을 배척하게 돼 있어. 하지만 야생에서는 달라야만 서로 존중을 받지. 거기에서는 다르다는 것이 살아남는 방법이야. (……) 서로 다른 존재들만이 평화롭게 공존하는 거야." "올바른 길이란 건 없어. 인간은 그저 찾아다녀야 할 뿐이야."

그나마 그 소설을 쓸 때에 나는 다른 조건에서의 삶에 대해 생각해보았던 것 같다. 그 생각을 거치고 난 뒤에야 나와 다른 조건 속에 살아가는 사람들, 그리고 이동의 조건과 권리에 대해서 미약한 관심이나마 보태게 된 듯하다. 내가 멀고 다양한 장소를 내 의지대로 돌아다닐 수 있는 시스템이, 그렇게 하지 못하는 사람들의 권리를 짓밟거나 배제하고 있지나 않은지에 대해서도.

미국의 지도책은 두껍다. 땅이 넓으니 그럴 수밖에. 그런데 쪽수가 빠져 있는 페이지도 있다. 파본이 아니다. 가도가도 똑같기 때문에, 아무 정보도 표기할 게 없는 그 페이지는 있는 걸로 치고 생략해도 되는 것이다. 백과사전만큼이나 두터운 그 지도책에 꽤나 정이 들었지만 나는 미국 지도책을 그 나라에 버리고 왔다. 한국에 돌아와서는 『도로지도 지도대사전』과 『최신판 대한민국 전도』를 새로 샀다. 그 책들 역시 글러브 박스에 든 채로 작별인사 없이 보내버린 셈이다.

하지만 남겨진 번호판을 볼 때마다 작별인사를 되풀이하는 기분이 드는 건 왜일까. 차는 없지만 유예된 작별은 내 기억 속에서 계속 재생되는지도 모르겠다. 마치 전부는 아니라 해도 여전히 좋아할 수밖에 없는 내 순정의 작가들처럼.

00 겨울날의
브런치처럼

마지막 글을 쓰면서 제목을 '흑역사 아카이브'로 정하려 했다. 이 책의 산문들에는 나의 편견과 실수담, 그리고 산만함과 소심함에서 비롯된 '어두운 과거'들 또한 고스란히 드러나 있기 때문이다. 그런데 흑과 백을 나누는 온갖 비유들, 가령 흑색선전, 흑마술, 흑심, 흑막, 화이트 라이어, 까마귀 노는 곳에 백로야 가지 마라(?) 등등, 왜 검은색을 부정적 어감으로 사용해왔는지 맥락을 떠올리자 '흑역사'라는 단어를 쓰기가 약간 조심스러워졌다.

흑인을 곧잘 '토인'이라고 지칭했던 삼십년대생 나의 엄마 같으면 "검은 것을 검은 것이라고 하는데 뭐가 잘못이냐? 내가 틀린 말을 한 것도 아니고"라고 항변할지도 모르지만 엄마, 사실적시도 명예훼손죄가 성립됩니다. 우리의 머릿속에는 어쩔 수 없이 그 개념을 처음 배웠던 시절의 단어가 먼저 떠오르지만, 우리는 현재를 사는 동시대인이므로 지금의 단어를 쓰도록 공부해야 해요. 로맹 가리의 장편소설 『흰 개』에서처럼 피부색이 검은 사람만 공격하도록 훈련받은 흰 개를 통해 드러나는 흑백 양쪽의 편견까지, 공부의 길은 멀기만 하지만……

공부는 이 책의 산문들을 쓰면서 새삼 배우게 된 태도이기도 하다. 작가로 살아온 동안 나는 내가 산문을 잘 쓰지 못한다고 생각해서 되도록 피해왔다(그럼 소설은 잘 쓴다고 생각하냐는 질문은 사절……). 이 산문을 쓰기 시작한 것은 내가 스스로 정해놓은 한계 안에서의 안전한 행보에 갇혀 있는 게 아닌가 하는, 글 쓰는 자로서의 자문 때문이기도 했다.

산문 가운데에서도 특히 생활 산문은 소설과 달리 등장인물 뒤에 숨지 못한다(소설은 허구의 장르인데다 '믿을 수 없는 화자'라고 우겨볼 수도 있음). 생각을 직접 노출하는 1인칭 서술 방식이므로 묵은 편견이 드러날 수밖에 없다. 과연 이 글을 쓰면서 나는 내가 왜 산문 쓰기를 어려워했는지 구체적으로 깨달았다. 무심코 생각을 털어놓았다가 나의 편견을 깨닫고 당황한 적이 여러 번이었던 것이다.

사실 우리는 모두 다른 사람들이고 각자의 환경과 조건, 기질에 따라 누구나 편견을 가질 수밖에 없다. 왜 그렇게 생각하게 되었는지까지는 이해할 수 있다는 뜻이다. 하지만 내가 틀렸을지도 모른다는 생각조차 하지 않는 완고함, 그걸 깨닫고도 합리화해버리는 이기주의와 안이함은 타인에 대한 폭력이 될 수도 있다. 편견은 부끄러움의 영역이지만 폭력이 되면 그것은 범죄인 것이다. 그래서 공부가 필요하다(그런 것까지 생각하면 불편해서 어떻게 사냐고? 바로 그 불편함이 문명사회의 시작이며 근대 시민으로서의 각성이라고 말한 사람이 있었던 것 같은데 누구였더라……).

언젠가 산문을 잘 쓰는 M이 알려준 팁이 있다. 솔직한 실수담이 필요하다는 거였다. 자신이 신문에 산문을 연재하는 동안 독자들의 반응이 가장 좋았던 글도 바로 실수담이었다나. 그 충고대로 나는 길눈이 어두운 탓에 저질렀던 갖가지 해프닝을 신문 칼럼에 한껏 구성지게(?) 풀어놓았다가 거기에 달린 '이런 부족한 인간이 쓴 글을 왜 읽어야 하냐'는 취지의 댓글을 보고, 또 배운 적이 있다. 팁이란 모든 경우에 무조건 통하는 게 아니다. 상황 파악이 먼저이다.

그걸 배웠으면서도 나의 산문에는 어쩔 수 없이 실수담이 많이 등장한다. 굳이 M의 충고를 따를 필요도 없이, 내 일상의 많은 부분이 그렇게 이루어져 있기 때문일 것이다.

지난해 나는 후배들과 떠난 여행에서 총무 역할을 자청한 적이 있다. 후배들은 '존경하는' 선배에게 그런 궂은일(?)을 시킬 수 없어서, 가 아니라 내가 계산이라면 언제나 틀리고 툭하면 물건을 잃어버리며 고유명사와 숫자를 두 번 다시 기억하지 못하는 걸 잘 아는 터라 썩 반기지 않는 눈치였다. 나는 그들을 설득했다. 내가 비록 생활인으로서 무능하고 악조건을 갖추고 있지만 한 가정의 주부로 35년 넘게 가계를 이끌어온 경력자이다, 또한 서너 명이 떠나는 1박 2일 여행경비의 규모라면 계산이 조금 틀리더라도 사비로 채워넣을 만한 경제력 정도는 갖추고 있으니 총무로 그 아니 적합하냐.

가장 중요한 설득 포인트는 내가 스마트폰 기능의 적극 사용자라는 사실이었다. 나는 이제 메모와 계산기를 수시로 사용하며 지도 앱을 잘 다룬다. 달력 앱으로 일정을 관리하고 쇼핑 앱을 여러 개 사용한다. 앱으로 별자리와 음악과 와인도 검색할 줄 알고 운동 기록과 맥박 측정도 한다. 스마트워치를 사용해서 폰 위치를 추적하는가 하면 알람을 설정해놓아 더이상 쿡탑 위에서 냄비를 태우지 않는다. 동네 공원의 맹꽁이 서식지를 산책하면 듣게 되는 맹꽁맹꽁 소리, 갑자기 머리 위에서 비가 쏟아지듯 동시에 울어대는 매미 소리를 녹음하기도 한다. 무엇보다 내 폰에서 스크린 타임의 절대 분량을 차지하는 앱은 SNS와 게임 앱이다.

이 모두는 스마트폰에 대한 나의 배움에서 생겨났다. 나는 결점이 많은 사람이지만 조금이라도 나아지기 위해 배우는 사람이 되고 싶은 것이다. 이 책의 산문들 역시 그 과정 중의 하나였다고 생각한다.

소설을 쓸 때에는 날카롭게 집중하고 또 수없이 생각하며 고치는 과정을 겪지만 이 산문에서는 내 머릿속에 쌓여 있는 잡다한 생각들을 가볍고 직관적으로 풀어놓았다. 일단 책상에 앉아서 쓰기 시작하면 생각지도 못했던 디테일들이 떠올랐고 또 그걸 따라가다보면 술자리의 대화처럼 두서없이 흘러가기도 했는데, 굳이 정리를 해서 체계를 잡지 않고 흘러가게 두었다. 소설의 경우 구상한 대로 잘되지 않으면 어떻게든 그 산을 넘어서려고 고심했겠지만 여기서는 그냥 그 부분은 빼버리는 방향으로. 쓰는 사람이 쉽고 또 재미를 느끼면서 쓰면 읽는 사람들도 그렇게 읽지 않을까 하는 마음으로. 고지식한 나로서는 그것도 하나의 배움이었으니까.

그런 의미에서, 『채널 예스』에 글을 연재하는 동안 반응을 보여주신 분들께 감사드려요. 그게 없었더라도 약속을 했으니 계속 쓰기는 했겠지만 조금은 힘들고 재미없게 썼을지도 모릅니다. 산문이란, 나의 지인이라면 모를까, 왜 나를 모르는 사람들이 내가 어디를 가고 어떤 물건을 갖고 있고 거기 대해 어떤 감정을 품는지 따위의 사소하고 개인적인 내용을 알아야 하는 걸까 하는, 스스로의 의심 속에 쓰여지는 것이더라고요. 무엇보다, 이 소중한 지면을 의미 있게 사용할 필자들이 수없이 많을 텐데, 선생님, 여기서 이러시면 안 됩니다, 같은 생각들이 끊임없이 나를 불안하게 만들었지만 덕분에 잘 왔습니다.

왜 이렇게 외국에서 산 물건이 많냐는 질문을 받은 적 있는데, 그것은 기념품이 많아서일 것이다. 또 바쁜 일상에서 벗어나야만 비로소 쇼핑할 시간과 기회가 있다는 것도 한 이유이다. 소설가가 되기 전 나는 작가의 이미지로 사색, 산책, 독서 등 여유로운 모습을 떠올렸다. 그러나 작가는 생각보다 훨씬 바쁜 사람들이었다(남녀노소 통틀어 한국에서 안 바쁜 사람은 없지만). 일단 혼자 있는 시간을 많이 확보해야 하는데 앞에 말한 저 세 가지, 즉 읽고 쓰고 생각하는 데에 많은 시간이 필요하기 때문이다. 그런 일을 하지 않을 때는 강연이나 심사나 인터뷰 등을 하고, 그리고 가사를 돌보고 가족이나 친구를 만나고 개인적인 일상을 꾸려나간다. 쇼핑에 시간 내기가 어려웠던 게 사실이다.

아이들이 초등학생 시절 나는 외국 출장에서 각종 학용품들을 잔뜩 사온 적이 있었다. 그것들 대부분이 집앞 문방구에서 파는 물건이라는 걸 알고 내가 물정에 어둡다는 걸 새삼 깨달아야 했다(1년에 한 권씩 책을 내던 시기였는데, 글 쓰는 속도가 느린 주제에 능력 이상의 일을 붙들고 있느라 늘 헉헉댔다).

그걸 벌충하기 위해서 가족에게 집중했던 시절이 있었다. 2002년 시애틀에 있는 워싱턴 주립대학의 방문학자 기회가 주어졌을 때 선뜻 결정을 내린 건 가족과 시간을 보내겠다는 생각에서였다. K는 직장에서 휴직을 했고, 고등학생이었던 두 아이들은 환경의 변화를 원치 않은데다가 자율성을 주장하던 바쁜 부모의 돌변된 교육관에 당황했지만 이내 우리의 계획에 따라주었다. 그렇게 해서 2년에 걸친, 유교 및 아메리칸 스타일을 접목한 돌봄과 현지 체험 이방인 생활이 시작되었다. 개러지 세일에서 중고 물건들을 사들이는 일도.

내가 그 이름도 당치 않은 방문학자 제안을 고맙게 받아들인 데에는 또 한 가지 이유가 있었다. 당시 나는 등단 7년 차에 책을 일곱 권 내고 상복도 있는 운 좋은 소설가였다. 경솔하고 어리석은 내가 그 호의적인 세상을 그대로 믿어버릴까봐 경계할 필요가 있었다. 마이너의 감각을 잃으면 문학과 멀어진다는 일견 고지식한 생각이 나를 그 행운의 자리에서 거리를 두도록 밀어냈던 것이다.

친구가 많은 척했다는 느낌도 든다. 친구가 A부터 M까지 등장했지만 사실은 대부분 후배와 지인들이고 같은 사람을 다른 이니셜로 쓴 경우도 있다. 그냥 '가까운 사람'이란 뜻이고 많다고도 할 수 없다. 나는 친구라는 말을 좋아해서 자주 쓰는데, 종종 상대방이 '선생님과 제가 친구라기에는 나이차가 너무 많습니다만'이라고 정색을 해서 몹시 미안해지는 경우도 있다. 그러나 서열은 없고 친소만 구분하는 그런 포괄적 호칭이 나의 일종의 태도라고 우기는 중이다.

마치며

사진을 찍는 일도 재미있었다. 생각을 표현하는 방식을 한 가지 더 해보는 거니까. 언젠가 내가 웹툰 작가인 친구에게 스토리와 그림을 다 짜야 하니 힘들겠다고 말했더니, 그녀는 오히려 성격이 다른 두 가지 일을 병행해서 지겹지 않아 좋다고 대답했다. 감히 거기에 댈 바는 아니지만 내가 글로 얘기한 것을 한 장의 사진에 어떻게 담을까 구상하는 일은 무척 흥미로웠다. 내가 처음 해본 일들이고 동시에 내가 결코 잘하지 못하는 일들이지만 배움의 태도가 빚어낸 민폐라 해량하시고 가능하다면 한쪽 눈꺼풀은 덮은 채 한쪽 눈으로만 보아주기를.

이런 식으로 나는 또 변하고 있는 듯하다. 우리 모두 변하고 있다. 어제와는 조금쯤 다른 사람이고, 그리고 그 다름들이 모여 나의 인생이 되는 것이겠지.

마지막 사진은 내가 차린 브런치이다. 내 스마트폰이 알려주는데, 5월 넷째 토요일의 창가 탁자라고 한다. 당근 사과 주스와 샐러드는 재료 손질에 은근히 시간이 많이 걸렸다. 좋아하는 메뉴인 프렌치 토스트는 특별히 이즈니 버터로 구웠고. 비트 수프는 전날 만들었던 것. 디저트 구색을 위해 냉장고에 있던 요거트도 꺼내보았다.

특별한 날은 아니다. 그냥 기분이 내키고 컨디션이 따라주고 시간도 있고 장을 본 지 얼마 안 된 어떤 날이었다. 그 네 가지가 겹치는 날은 흔치 않다. 하지만 단 하루의 예외적인 날에도, 아니 바로 그날에 내가 몰랐던 나의 정체성이 표현되는 것일 수도 있다. 어느 5월 나의 정체성의 한 조각이 담긴 예외적인 식탁을 특별한 만남을 위한 브런치처럼 여기에 차려내본다.

또___
못 버린
물건들
ⓒ 은희경 2023

초판 1쇄 발행 2023년 8월 31일
초판 5쇄 발행 2023년 9월 26일

지은이 은희경
펴낸이 김민정

책임편집 유성원
편집 김동휘 권현승
디자인 한혜진
저작권 박지영 형소진 최은진 서연주 오서영
마케팅 정민호 박치우 한민아 이민경 박진희 정경주 정유선 김수인
브랜딩 함유지 함근아 박민재 김희숙 고보미 정승민 배진성
제작 강신은 김동욱 이순호
제작처 더블비

펴낸곳 (주)난다
출판등록 2016년 8월 25일 제406-2016-000108호
주소 10881 경기도 파주시 회동길 210
전자우편 nandatoogo@gmail.com **페이스북** @nandaisart **인스타그램** @nandaisart
문의전화 031-955-8865(편집) 031-955-2689(마케팅) 031-955-8855(팩스)

ISBN 979-11-91859-59-1 03810

○이 책의 판권은 지은이와 (주)난다에 있습니다.
○이 책 내용의 전부 또는 일부를 재사용하려면 반드시 양측의 서면 동의를 받아야 합니다.
○난다는 (주)문학동네의 계열사입니다.
○잘못된 책은 구입하신 서점에서 교환해드립니다.
  기타 교환 문의: 031-955-2661, 3580